W0067981

Inhaltsverzeichnis

Vorwort und Hinweise zum Gebrauch des Buches

Das vorliegende Buch unterstützt Sie, die Grundlagen der „Personalwirtschaft" zu erarbeiten, zu wiederholen oder mögliche Kenntnislücken zu schließen. Es kann genutzt werden, um sich effizient auf eine Prüfung vorzubereiten. Angesprochen sind alle Leser/-innen, die in der Fort- oder Weiterbildung einen Kurs oder ein Seminar zum Thema besuchen oder einen Lehrgang absolvieren, der „Personalwirtschaft" als Fach mitumfasst.

Die Inhalte entsprechen einem Querschnitt wesentlicher Lehrpläne und bilden den Zyklus der vollständigen beruflichen Handlung im Personalbereich ab (von Personalbedarfsrechnung über Personalakquise und Bewerbungsbearbeitung bis zur Kündigung, eingeschlossen die Personalverwaltung). Das Werk folgt dem Konzept der Reihe „Grundwissen": kompakter Überblick über den wesentlichen Stoff, verständliche Erklärungen und Beispiele, Veranschaulichung von Strukturen und Zusammenhängen durch Abbildungen. Mithilfe von Aufgaben und Übungen (sowie Lösungshinweisen) können Wissen und Verständnis überprüft werden.

Autoren und Verlag wünschen Ihnen viel Erfolg beim Durcharbeiten und gutes Gelingen beim Abschluss Ihrer Fort- oder Weiterbildung.

1 Einführung in das Personalwesen

Ein wichtiger Schlüsselfaktor für den Erfolg eines Unternehmens ist sein Personal. Denn nur gut ausgebildetes Personal, das sich mit dem Unternehmen identifiziert, kann aktiv zum Unternehmenserfolg beitragen. Immer häufiger werden Entscheidungen auf dezentraler Ebene von den einzelnen Mitarbeitern getroffen. Dazu müssen sie über ausreichende Kompetenzen verfügen, sie müssen also sorgfältig für die Stelle ausgewählt und regelmäßig geschult sein. Auch die arbeitsrechtlichen Regelungen geben einen Rahmen vor, der erfordert, dass das Personal sorgfältig ausgewählt wird.

Die Themen des Personalmanagements befassen sich jedoch nicht nur mit der Bewerberauswahl. Betriebliche Veränderungen bringen eine Personalbedarfsplanung mit sich, die es erforderlich macht, neues Personal anzuwerben oder über Freistellungen nachzudenken. Auch Fort- und Weiterbildung, Festlegung der Gehaltsstufen sowie Führungsphilosophien sind Themen des Personalwesens. Ein modernes Personalmanagement wird dabei von elektronischen Informationssystemen unterstützt, die ein effizientes Personalcontrolling ermöglichen.

1.1 Geschichtlicher Hintergrund des Personalwesens

Während noch vor rund 30 Jahren das Personal nur „verwaltet" wurde, muss es heute aktiv „gemanagt" werden. Galt es früher, rechtsgültige Arbeitsverhältnisse zu begründen oder zu beenden und das Gehalt korrekt und pünktlich zu bezahlen, stellt dies heutzutage nur noch einen kleineren Teil der Arbeit einer Personalabteilung dar. Durch den schnellen technologischen Fortschritt und sich rasch verändernde Umweltbedingungen muss fortwährend bedarfsgerecht geeignetes Personal angeworben und weiterqualifiziert oder je nach Marktsituation auch wieder freigesetzt werden, und dies unter Beachtung vieler rechtlicher Vorgaben und unter Einbindung der Betriebsräte. Denn es ist nicht mehr so, dass ein Mitarbeiter sein ganzes Leben lang an ein und demselben Arbeitsplatz arbeitet. Arbeitsplatz- oder Stellenwechsel, Weiterbildung und damit Weiterentwicklung des arbeitenden Menschen sind heute an der Tagesordnung und erfordern ebenso ein aktives Personalmanagement. Der Wandel im Personalbereich vollzog sich wie folgt:

In den 1960er-Jahren war Überbeschäftigung die Regel. Es herrschte ein großes Angebot an Arbeitsplätzen, zudem machten viele Arbeitnehmer Überstunden. Arbeitslosigkeit gab es quasi keine. Des Weiteren vollzog sich zu dieser Zeit ein allgemeiner Wertewandel. Die Unternehmen mussten anfangen, ihre Mitarbeiter zu motivieren, um sie an sich zu binden, und versuchen, neue Mitarbeiter zu gewinnen. Um expandieren und ihre offenen Stellen besetzen zu können, mussten die Unternehmen beginnen, ausländische Arbeitskräfte nach Deutschland zu holen.

Die 1970er-Jahre waren geprägt durch die Entwicklung einer arbeitnehmerfreundlichen Rechtsprechung und Gesetzgebung (Betriebsverfassungs-, Schwerbehinderten-, Mutterschutz- und Arbeitsschutzgesetz). Das hieß für die Unternehmen, ihr Personal sorgfältig auszuwählen, um teure Fehlgriffe zu vermeiden.

In den beiden darauf folgenden Jahrzehnten stiegen die Personalnebenkosten (Sozialversicherungsbeiträge, Lohnfortzahlung bei Krankheit, Urlaubs-, Weihnachtsgeld usw.) stetig an. Gleichzeitig stieg die Arbeitslosenquote, während sich die Zahl des gut ausgebildeten, qualifizierten Personals verringerte. Die Aufgabe der Unternehmen bestand nun darin, die Mitarbeiter passgenau auszuwählen und Fehlentwicklungen rechtzeitig gegenzusteuern. Auch heute, durch die stetig wachsende Konkurrenz, ist es wichtiger denn je, dass Unternehmen eine effektive Personalpolitik betreiben, um ihre Kosten gering zu halten und ihren Gewinn zu maximieren.

1.2   Funktionen der Personalabteilung

Die Personalabteilung eines Unternehmens hat die Aufgabe, das benötigte Personal mit den entsprechenden Qualifikationen zur richtigen Zeit am richtigen Ort zur Verfügung zu stellen. Diese Aufgabe gliedert sich in verschiedene Funktionen:

1. Personalbedarfsplanung

Durch die Personalbedarfsplanung wird der jeweilige Personalbedarf der einzelnen Abteilungen festgelegt, d.h., wann und wo die Mitarbeiter eingesetzt werden sollen.

2. Personalbeschaffung

Mithilfe der Personalbeschaffung werden Mitarbeiter angeworben, um die freien Stellen im Unternehmen zu besetzen. Die Personalbeschaffung kann intern oder extern erfolgen, d.h., das Personal kann aus dem Unternehmen oder vom externen Arbeitsmarkt stammen.

3. Personalauswahl und Personaleinstellung
Geeignetes und qualifiziertes Personal wird ausgewählt und in das Unternehmen eingestellt.

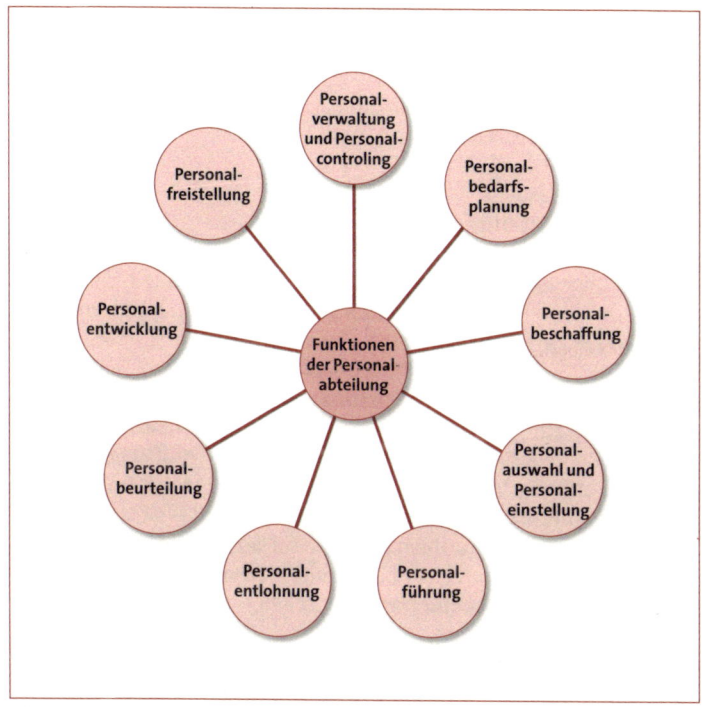

Abb. 1.1: Funktionen der Personalabteilung

4. Personalführung
Durch die Personalführung werden Vorgesetzte bei ihrer Führungsarbeit unterstützt. Sie legt den Führungsstil der Vorgesetzten fest und entwickelt deren Führungsgrundsätze. Auch auf die Einhaltung der Führungsgrundsätze wird geachtet. Dabei auftretende Konflikte sollen durch die Personalführung gelöst werden.

5. Personalentlohnung

Die Personalentlohnung soll zu einem gerechten Lohngefüge beitragen, da der Lohn zum einen die Kosten des Unternehmens und zum anderen die Motivation der Mitarbeiter stark beeinflusst.

6. Personalbeurteilung

Die Personalbeurteilung stellt anhand von Leistungsbeurteilungen die jeweiligen Leistungsniveaus der Mitarbeiter fest.

7. Personalentwicklung

Die Personalentwicklung soll die Qualifikationen der Mitarbeiter durch Ausbildung, Fortbildung und Umschulung verbessern und erweitern.

8. Personalfreistellung

Durch die Personalfreistellung soll der Personalüberschuss im Unternehmen abgebaut werden. Dazu gibt es die Möglichkeit einer internen Personalfreistellung (z.B. durch Arbeitszeitverkürzung) und einer externen Personalfreistellung (z.B. durch Kündigung).

9. Personalverwaltung und Personalcontrolling

Personalverwaltung und Personalcontrolling sind Klammerbegriffe, die die oben genannten Funktionen in einen systematischen Zusammenhang bringen. Im Mittelpunkt steht dabei nicht der einzelne Mitarbeiter, sondern es wird Steuerungswissen für die gesamte Belegschaft in Form von Kennzahlen gewonnen. Hierzu werden zunehmend EDV-Lösungen eingesetzt, die bestimmte Daten „auf Knopfdruck" liefern (z.B. Durchschnittsalter bestimmter Belegschaftseinheiten etc.).

> *Die Personalabteilung hat neun Teilfunktionen, die für eine optimale Personalarbeit im Unternehmen gleichermaßen wichtig sind.*

1.3 Einordnung des Personalwesens in Abhängigkeit von der Betriebsgröße

In der Regel ist es von der Größe eines Betriebs abhängig, wie das Personalwesen organisiert ist, d.h., ob es beispielsweise eine eigene Personalabteilung mit mehreren Beschäftigten gibt oder ob die Personalaufgaben etwa von der Geschäftsleitung mitübernommen werden bzw. auf welcher organisatorischen Ebene das Personalwesen einzuordnen ist. Im Folgenden werden Grundformen genannt, von denen auch abgewichen werden kann.

1.3.1   Kleiner Betrieb

In einem Betrieb mit weniger als 300 Mitarbeitern ist das Personalwesen entweder direkt der obersten Führungsebene, also der Geschäftsleitung, unterstellt oder aber der zweiten Führungsebene, der kaufmännischen Leitung. Auch hier gibt es zwei Varianten, die beide bei eher größeren Betrieben dieser Kategorie zum Einsatz kommen. Entweder handelt es sich um eine direkte Unterstellung der kaufmännischen Leitung, welche neben der technischen Leitung auf der zweiten Ebene eines Betriebs anzusiedeln ist. Oder aber das Personalwesen ist auf vierter Ebene der übrigen Verwaltung unterstellt, wo es neben den Organisationseinheiten Finanzen, Einkauf und Verkauf angesiedelt ist.

1.3.2   Mittlerer Betrieb

In einem mittleren Betrieb mit i.d.R. 300 bis 1.000 Beschäftigten ist neben der technischen und kaufmännischen Leitung normalerweise auch eine Personalleitung eingerichtet. Diese verfügt über verschiedene Personalsachbearbeiter.

1.3.3   Größerer Betrieb

Verfügt ein Betrieb über mehr als 1.000 Mitarbeiter, so ist die Personalleitung zwar ebenfalls neben der technischen und kaufmännischen Leitung in die Betriebsorganisation eingebettet, jedoch sind ihr i.d.R. auf der dritten Organisationsebene nochmals die Abteilungen Personalwesen, Sozialwesen und Betriebliches Bildungswesen unterstellt. Den jeweiligen Abteilungsleitern unterstehen auf vierter Ebene jeweils verschiedene Sachbearbeiter. Es ist jedoch auch möglich, dass der Personalleitung bzw. den auf der darunter liegenden Ebene angesiedelten Leitungen Stabsstellen beispielsweise für Rechts- und Grundsatzfragen zugeordnet sind.

Handelt es sich bei dem Betrieb jedoch um eine Aktiengesellschaft, so ist der Vorstand Personal neben dem Vorstand Technik und dem Vorstand Kaufmännische Verwaltung direkt dem Vorstandsvorsitzenden als Arbeitsdirektor unterstellt.

Aufgaben zur Selbstkontrolle

1. Worin unterscheidet sich die Arbeit einer Personalabteilung heute von der vor 30 Jahren?
2. Was ist die Aufgabe der Personalabteilung? In welche Teilfunktionen ist sie untergliedert?
3. Beschreiben Sie den Unterschied der Organisation des Personalwesens bei einem kleinen, mittleren und größeren Betrieb!

2 Die Personalbedarfsplanung

Anhand der Personalbedarfsplanung wird festgelegt, welche und wie viele Mitarbeiter an welchen Arbeitsplätzen und zu welcher Zeit eingesetzt werden. Der Personalbedarf wird im sog. Stellenplan festgeschrieben. Vorteile einer rechtzeitigen Personalbedarfsplanung sind z.B., dass Personalunterkapazitäten und -überkapazitäten vermieden und Personalengpässe rechtzeitig erkannt und berücksichtigt werden können. Außerdem sind die anfallenden Kosten durch die längerfristige Planung überschaubar und die Arbeitskräfte können gezielt genutzt werden. Es verringert sich weiterhin die Fluktuation (ständiger Mitarbeiterwechsel), wodurch die Produktivität gesteigert wird. Denn neues Personal muss wieder zeitintensiv in die Abläufe des Unternehmens eingeführt werden, was natürlich die anderen Mitarbeiter von ihren eigentlichen Aufgaben abhält und somit Kosten verursacht.

2.1 Einflussfaktoren der Personalbedarfsplanung

Wie hoch der Personalbedarf ist, hängt von verschiedenen Faktoren ab. Unternehmensinterne Faktoren können dabei vom Unternehmen beeinflusst werden, unternehmensexterne Faktoren sind von außen (z.B. der Politik) gesetzte Rahmenbedingungen.

Unternehmensinterne Einflussfaktoren der Personalbedarfsplanung	
Faktoren	**Beispiele**
Unternehmensplanung	● geplante Absatzmenge/-strategie ● geplante Organisation ● geplante Produktionsmethoden
Personalstruktur	● Personalbestand ● Altersaufbau des Personals
Mitarbeitermotivation	● Leistung der Mitarbeiter ● Fehlzeiten, Fluktuation
betriebliche Ausstattung	● technische Ausstattung ● Arbeitsmittel

Unternehmensexterne Einflussfaktoren der Personalbedarfsplanung	
Faktoren	**Beispiele**
rechtliche Rahmenbedingungen	● Tarifrecht (z.B. Lohnerhöhungen) ● gesetzliche Regelungen (z.B. Kündigungsschutz)
Marktsituation	● politische Entwicklung (z.B. Erhöhung der Lohnnebenkosten) ● Branchenentwicklung (z.B. Fachkräftemangel) ● gesamtwirtschaftliche Entwicklung (z.B. Konjunktur, Wechselkurse)
technologische Entwicklung	● technischer Fortschritt (z.B. Ersatz von Arbeitsplätzen durch Maschinen) ● technologische Veränderungen (z.B. neue Fertigungsverfahren)

2.2 Arten des Personalbedarfs

Grundsätzlich lassen sich drei Arten des Personalbedarfs unterscheiden, die auch den Grund darstellen, warum Personal eingestellt werden muss.

Aufgrund eines Neubedarfs werden zusätzlich zu den bereits vorhandenen Stellen neue geschaffen. Dies ist beispielsweise der Fall, wenn ein Unternehmen eine neue Filiale oder einen zusätzlichen Produktionsstandort eröffnet oder eine neue maschinelle Anlage kauft, für die mehr Mitarbeiter als bisher benötigt werden.

Im Falle eines Ersatzbedarfs müssen bereits bestehende Stellen neu besetzt werden, die durch Personalabgänge, z.B. durch Pensionierung oder Kündigung, frei geworden sind.

Beim Überbrückungsbedarf muss ein vorübergehender Personalengpass ausgeglichen werden. Ein Fitnessstudio ist beispielsweise im Winter besser besucht als im Sommer, wodurch eventuell mehr Thekenkräfte benötigt werden. Mitarbeiter können jedoch auch vorübergehend ausfallen, weil sie z.B. in Erziehungszeit gehen oder länger krank sind.

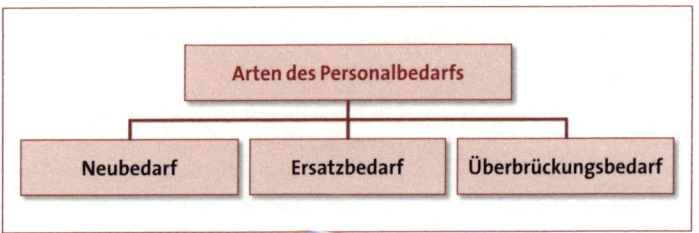

Abb. 2.1: Arten des Personalbedarfs

2.3   Quantitative und qualitative Personalbedarfsplanung

Der Personalbedarf wird nach Quantität und Qualität geplant. Er orientiert sich also daran, wie viele Mitarbeiter benötigt werden und welche Qualifikationen sie besitzen müssen. Die quantitative Personalbedarfsplanung unterscheidet bezüglich ihrer Arbeitszeit zwischen Vollzeit- und Teilzeitbeschäftigten, Leihmitarbeitern und Aushilfen. Bei der qualitativen Personalbedarfsplanung müssen zukünftige Stelleninhaber bestimmten Anforderungen gerecht werden. Diese Voraussetzungen werden in der Stellenbeschreibung festgehalten. Bei der qualitativen Personalbedarfsplanung wird das Hauptaugenmerk auf das Qualifikationsprofil der jeweiligen Stelle gerichtet.

   Die Frage, wie viele Mitarbeiter für die einzelnen Abteilungen benötigt werden, richtet sich auch nach deren zu leistender Arbeitszeit. So gibt es Vollzeitbeschäftigte, deren Arbeitszeit laut Tarifvertrag geregelt ist, z.B. 35 Stunden pro Woche. Teilzeitbeschäftigte haben eine geringere wöchentliche Arbeitszeit, sie arbeiten beispielsweise nur vormittags oder nur zwei Tage die Woche. Voll- und Teilzeitbeschäftigte werden meist dann eingesetzt, wenn Neu- oder Ersatzbedarf besteht.

Für die Deckung des Überbrückungsbedarfs eignen sich vor allem Leihmitarbeiter (Leasingkräfte) von Zeitarbeitsfirmen, die für eine gewisse Zeit im Unternehmen arbeiten. Sie schließen nicht mit dem Unternehmen, in dem sie arbeiten, sondern mit ihrer Zeitarbeitsfirma einen Arbeitsvertrag. Auch Aushilfen, die für einige Stunden die Woche oder für einen begrenzten Zeitraum eingestellt werden, dienen der vorübergehenden Personalbedarfsdeckung. Dabei wird unterschieden zwischen sog. Minijobs (geringfügige Beschäftigungen mit einem Verdienst bis 400,00 €) und sog. Midijobs (Beschäftigungen mit einem Verdienst zwischen 400,01 € und 800,00 €).

2.4 Berechnung des Personalbedarfs

Anhand der Personalbedarfsrechnung wird ermittelt, wie hoch der Nettopersonalbedarf eines Unternehmens ist, d.h., ob noch Mitarbeiter zusätzlich benötigt werden oder ob es etwa einen Personalüberschuss gibt. Diese Informationen sind für eine gute Personalbedarfsplanung von großer Bedeutung.

Bei der Personalbedarfsrechnung werden zunächst vom aktuellen Personalbestand der einzelnen Abteilungen die geplanten Personalabgänge (z.B. durch Pensionierung oder Kündigung) abgezogen und die geplanten Personalzugänge (Neueinstellungen) hinzugerechnet. Man erhält den sog. fortgeschriebenen Personalbestand, d.h. den geplanten zukünftigen Personalbestand.

Als Nächstes wird der Bruttopersonalbedarf (Sollbedarf) errechnet. Er zeigt, wie viele Stellen zu besetzen sind. Dazu werden zu den aktuell vorhandenen Stellen die neuen Stellen und eventuell benötigter Reservebedarf hinzugerechnet sowie wegfallende Stellen abgezogen. Die Differenz zwischen dem fortgeschriebenen Personalbestand und dem Bruttopersonalbedarf ist der Nettopersonalbedarf. Er zeigt, ob und wie viel Personal voraussichtlich zusätzlich benötigt wird bzw. ob es Personalüberschüsse geben wird, die abgebaut werden müssen, z.B. durch Entlassung, Pensionierung oder Umschulung.

Beispiel

In dem Hamburger Handelsunternehmen Kaffee Übersee GmbH sind 30 Mitarbeiter beschäftigt. Aufgrund der guten Geschäftslage soll die Zahl der Stellen im Lager um die Anzahl fünf aufgestockt werden, aufgrund der neuen Verwaltungssoftware können in der Buchhaltung zwei Stellen eingespart werden.

Im Personalbestand ergeben sich folgende Veränderungen: Zwei Lagerarbeiter gehen in Kürze in Rente, eine Dame in der Verwaltung geht in Mutterschutz, zwei Lagerarbeiter sind bereits im Bewerbungsverfahren und werden demnächst übernommen.

Um den Personalbedarf exakt planen zu können, lässt der Personalverantwortliche eine Personalbedarfsrechnung für das kommende Jahr durchführen:

Derzeitiger Personalbestand	Derzeit bestehende Stellen
30	30
+ geplante Zugänge	+ neue Stellen
2 (Neubewerbungen)	5 (Lager)
– voraussichtliche Abgänge	– wegfallende Stellen
3	2 (Buchhaltung)
= fortgeschriebener Personalbestand	= Bruttopersonalbedarf
29	33

Fortgeschriebener Personalbestand – Bruttopersonalbedarf = Nettopersonalbedarf

Der fortgeschriebene Personalbestand beträgt 29 Mitarbeiter, 33 Mitarbeiter werden jedoch benötigt (Bruttopersonalbedarf). Der Nettopersonalbedarf zeigt eine Unterdeckung von vier Mitarbeitern auf. Diese müssten also zusätzlich eingestellt werden.

2.5   Stellenbeschreibung

Die Personalbedarfsplanung legt fest, welche Mitarbeiter mit welcher Qualifikation an welchem Arbeitsplatz eingesetzt werden können. Dabei sollten die Qualifikationen des Mitarbeiters natürlich möglichst deckungsgleich mit den Anforderungen des Arbeitsplatzes sein. In einer Stellenbeschreibung werden die Aufgaben und Anforderungen einer Stelle genau definiert und die Kompetenzen des Stelleninhabers festgelegt. Die Stelle wird in den Organisationsaufbau des Unternehmens eingegliedert. Dabei handelt es sich entweder um eine übergeordnete Stelle (z.B. Lagerverwalter) oder eine untergeordnete Stelle (z.B. Lagerarbeiter). Die Stellenbeschreibung ist Ergebnis der Personalbedarfsplanung und damit Grundlage aller weiteren personalwirtschaftlichen Aufgaben.

Stellenbeschreibung des Großhandelsunternehmens Weber & Söhne GmbH

Gültig ab: 10. Mai 2010

Fachbereich: Sekretariat

Bezeichnung der Stelle: Sachbearbeiter/-in

Vorgesetzter des Stelleninhabers: Sekretariatsleitung

Unterstellte Mitarbeiter: Auszubildende

Stellenaufgaben: Terminplanung für die Geschäftsführung, Buchen von Geschäftsreisen, Konferenzvorbereitungen und -begleitungen, Korrespondenz etc.

Stellenziele: Sicherung einer lückenlosen Terminplanung, Überwachung der schriftlichen Korrespondenz

Kompetenzen: Postvollmacht, Anweisungsvollmacht bis 3.000,00 €

Stellvertretung: vertritt Mitarbeiter/-in Sekretariat

Anforderungen an den Stelleninhaber:

Ausbildung: Sekretär/-in

Erfahrung: mindestens drei Jahre Tätigkeit im Sekretariat

Kenntnisse: alle gängigen MS-Office-Anwendungsprogramme, sehr gutes Deutsch in Wort und Schrift, Englisch erwünscht

Kompetenzen: sehr gute Organisationsfähigkeiten, sehr gute Kommunikationsfähigkeit

Neben den hier aufgeführten Aufgaben ist der Stelleninhaber verpflichtet, auch andere seiner Vorbildung und Fertigkeiten entsprechenden Einzelaufträge auszuführen, die dem Wesen nach zu seinem Aufgabenbereich gehören.

Aufgaben zur Selbstkontrolle

1. Überlegen Sie Beispiele für interne und externe Einflussfaktoren der Personalbedarfsplanung. Wie wirken sich die Einflussfaktoren jeweils aus?

2. Um welche Arten des Personalbedarfs handelt es sich in den folgenden Fällen?
   a) Bürokauffrau Silvia Meier bekommt ein Kind und geht in Mutterschutz.
   b) Produktionsarbeiter Carsten Gebauer geht in Rente.
   c) Die Design AG, Produzent von edlen Damenschuhen, möchte ein „Factory Outlet" zum Verkauf ihrer Produkte eröffnen.
   d) Geschäftsführer Sigbert Woll wechselt in ein anderes Unternehmen.
   e) Hausmeister Linus Gehrke beantragt sechs Wochen Urlaub am Stück, um an einer Kreuzfahrt teilnehmen zu können.
   f) Die Bernauer OHG, Hersteller von Fahrrädern, eröffnet eine neue Produktionsstätte im Allgäu.

3. Bei der Maschinen GmbH sind insgesamt 103 Mitarbeiter beschäftigt, davon 40 in der Produktion, neun im Werksverkauf und 13 im Vertrieb. Personalchef Hans Müller beginnt mit seiner Personalbedarfsrechnung für das kommende Geschäftsjahr und berücksichtigt als Erstes die Bereiche Werksverkauf, Produktion und Vertrieb.
Im Werksverkauf herrscht eine hohe Fluktuation, da hier das Betriebsklima nicht so gut ist. Daher haben drei Mitarbeiter gekündigt und eine Mitarbeiterin will in den Bereich Vertrieb wechseln. Da man Kosten sparen will, sind bisher nur zwei neue Mitarbeiter für den Bereich vorgesehen, er soll insgesamt also nur noch sieben anstatt neun Stellen umfassen. Ein Mitarbeiter einer Zeitarbeitsfirma ist für den Bereich bereits fest eingeplant.
In der Produktion wird ein langjähriger Mitarbeiter in Rente gehen, einer geht auf die Meisterschule und fällt deshalb für einige Zeit aus. Zwei Produktionshelfer haben gekündigt, da sie in einem anderen Unternehmen eine besser bezahlte Stelle antreten werden. Müller hat für den Bereich Produktion bisher zwei neue Mitarbeiter vorgesehen, die nächstes Geschäftsjahr anfangen sollen. Im Vertrieb geht eine Mitarbeiterin in Mutterschutz und eine in Rente.
Wie hoch sind in jeder Abteilung der fortgeschriebene Personalbestand, der Bruttopersonalbedarf sowie der Nettopersonalbedarf?

3   Personalbeschaffung

3.1   Aufgaben der Personalbeschaffung

Durch die Personalbeschaffung sollen für die freien Stellen im Unternehmen geeignete Mitarbeiter gefunden werden. Dies kann zum einen durch eine innerbetriebliche Stellenausschreibung, durch Versetzung oder Beförderung einzelner Mitarbeiter geschehen. Zum anderen kann das Personal außerbetrieblich beschafft werden, beispielsweise über Stellenanzeigen in Zeitungen oder dem Internet, über Arbeitsagenturen oder durch Personalleasing.

Bei Betrieben, die über einen Betriebsrat verfügen, sieht das Betriebsverfassungsgesetz (BetrVG) Mitwirkungs- und Mitbestimmungsrechte für diesen vor. Die Personalleitung muss den Betriebsrat beispielsweise bei innerbetrieblichen Ausschreibungen, Einstellungen und Versetzungen unterrichten.

Ein Betriebsrat kann in Betrieben gegründet werden, die mindestens fünf ständige wahlberechtigte Arbeitnehmer haben. Von diesen müssen drei wählbar sein. Wahlberechtigt sind alle Arbeitnehmer des Betriebs, die das 18. Lebensjahr vollendet haben. Auch volljährige Auszubildende haben Wahlrecht bei der Betriebsratswahl, weil sie auch als Arbeitnehmer gelten. Leitende Angestellte sind von der Wahl ausgeschlossen. Wählbar sind alle Wahlberechtigten, die dem Betrieb sechs Monate angehören oder über diesen Zeitraum in Heimarbeit hauptsächlich für den Betrieb tätig waren und das 18. Lebensjahr vollendet haben.

> **§ 92 BetrVG**
>
> **Personalplanung**
>
> 1. Der Arbeitgeber hat den Betriebsrat über die Personalplanung, insbesondere über den gegenwärtigen und künftigen Personalbedarf sowie über die sich daraus ergebenden personellen Maßnahmen und Maßnahmen der Berufsbildung anhand von Unterlagen rechtzeitig und umfassend zu unterrichten. Er hat mit dem Betriebsrat über Art und Umfang der erforderlichen Maßnahmen und über die Vermeidung von Härten zu beraten.

2. Der Betriebsrat kann dem Arbeitgeber Vorschläge für die Einführung einer Personalplanung und ihre Durchführung machen.

3. Die Absätze 1 und 2 gelten entsprechend für Maßnahmen im Sinne des § 80 Abs. 1 Nr. 2a und 2b, insbesondere für die Aufstellung und Durchführung von Maßnahmen zur Förderung der Gleichstellung von Frauen und Männern.

Die genauen Anforderungen an den Bewerber werden aus der Stellenbeschreibung abgeleitet, und es wird ein entsprechendes Anforderungsprofil erstellt.

Anforderungsprofil der Weber & Söhne GmbH für die Sekretariatsstelle

Position:	Sachbearbeiter/-in (Bürokaufmann/-frau)
Vorgesetzte:	Sekretariatsleitung
Unterstellte:	Auszubildende
Ausbildung:	Sekretär/-in, Kaufmann/-frau für Bürokommunikation oder ähnliche kaufmännische Ausbildung
Erfahrung:	mindestens drei Jahre praktische Erfahrung im Sekretariatsbereich
Entgelt:	ab 2.000,00 €
Aussichten mittelfristig:	Organisation des Sekretariats, eingeschränkte Vollmachten
Aussichten längerfristig:	Erweiterung der Vollmachten
Eintrittsdatum:	01. August 2010

3.2 Interne Personalbeschaffung

3.2.1 Methoden der internen Personalbeschaffung

Wird Personal intern beschafft, ist es bereits im eigenen Unternehmen tätig. Für die interne Personalbeschaffung können folgende Methoden angewandt werden:

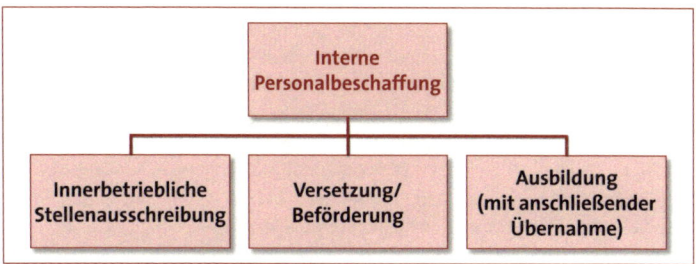

Abb. 3.1: Interne Personalbeschaffung

3.2.2   Mitbestimmung des Betriebsrats

Der Betriebsrat kann verlangen, dass offene Stellen im Unternehmen zunächst intern ausgeschrieben werden (§ 93 BetrVG).

> **§ 93 BetrVG**
>
> **Ausschreibung von Arbeitsplätzen**
>
> Der Betriebsrat kann verlangen, dass Arbeitsplätze, die besetzt werden sollen, allgemein oder für bestimmte Arten von Tätigkeiten vor ihrer Besetzung innerhalb des Betriebs ausgeschrieben werden.

3.2.3   Innerbetriebliche Stellenausschreibung

Am häufigsten wird die innerbetriebliche Stellenausschreibung angewandt. Über einen Aushang am „Schwarzen Brett" oder eine Ausschreibung im Intranet des Unternehmens wird die zu besetzende Stelle mit ihren Anforderungen und erforderlichen Qualifikationen genannt. Innerhalb einer bestimmten Frist können die Bewerbungen bei der Personalabteilung abgegeben werden.

> **Weber & Söhne GmbH**
>
> **Innerbetriebliche Stellenausschreibung**
>
> **Laufende Nr.** 77635
>
> In unserem Sekretariat ist ab 01. August 2010 eine Stelle als Sachbearbeiter/-in zu besetzen.

Aufgaben: Terminplanung, schriftliche und mündliche Korrespondenz, Kundenbetreuung, Erledigung von Bankgeschäften, Überwachung des Postein- und -ausgangs, Organisation von Events und Geschäftsreisen

Fachliche und persönliche Voraussetzungen: Organisationstalent, Erfahrung im Sekretariatsbereich, Kenntnis aller MS-Office-Anwendungen, sehr gutes Deutsch in Wort und Schrift, Englischkenntnisse erwünscht

Interessenten bewerben sich bitte mit dem bei der Personalabteilung erhältlichen Bewerbungsformulars bis 01. Juni 2010.

Bei Rückfragen wenden Sie sich bitte an Frau Sandra Müller, Durchwahl: 7656

Sebastian Meier

Personalabteilung

Die innerbetriebliche Personalbeschaffung hat Vor- und Nachteile:

Interne Personalbeschaffung	
Vorteile	**Nachteile**
● Die Kosten sind gering, da teure Stellenanzeigen und aufwändige Einstellungsverfahren wegfallen. ● Die Einarbeitungszeit ist in der Regel verkürzt, da die Mitarbeiter den Betrieb bereits kennen. ● Da man im Betrieb die Mitarbeiter und deren Fähigkeiten bereits kennt, ist das Risiko einer Fehlbesetzung relativ niedrig. ● Die Stelle kann schnell besetzt werden, da keine langen Einstellungsverfahren vorausgehen. ● Die Mitarbeiter können durch die vorhandenen Aufstiegschancen zusätzlich motiviert werden.	● Die Auswahl an Bewerbern für eine Stelle ist geringer. ● Manche Mitarbeiter fürchten eine Bewerbung aus Angst, ihr Vorgesetzter würde davon erfahren und dies könnte sich negativ für sie auswirken. ● Werden Mitarbeiter abgelehnt, können sie dies als persönliche Niederlage empfinden, die Motivation kann dadurch nachlassen. ● Besonders in Führungspositionen haben Kollegen, die man schon von niedrigeren Positionen her kennt, teilweise weniger Autorität. So heißt es beispielsweise auch, wenn man nach seiner Ausbildung im gleichen Betrieb bleibe, sei man auf ewig der Azubi. ● Werden Stellen nur innerbetrieblich besetzt, wird die Betriebsblindheit gefördert und es kommen keine neuen Impulse von außen.

3.3   Externe Personalbeschaffung

3.3.1   Methoden der externen Personalbeschaffung

Wird Personal extern beschafft, so stammt es vom externen Arbeitsmarkt, ist also betriebsfremd. Externe Personalbeschaffung kann
anhand verschiedener Methoden erfolgen:

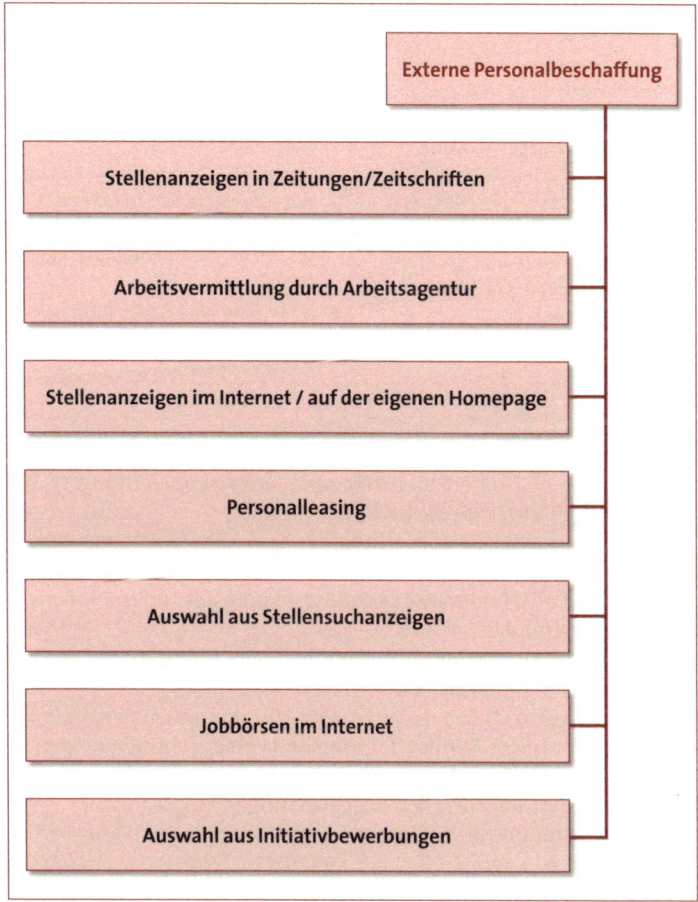

Abb. 3.2: Externe Personalbeschaffung

Auch die externe Personalbeschaffung hat Vor- und Nachteile:

Externe Personalbeschaffung	
Vorteile	**Nachteile**
● Durch externe Mitarbeiter kommen neue Impulse und Qualifikationen von außen, was Betriebsblindheit vermeidet. ● Die Personalverantwortlichen können aus einer größeren Anzahl an Bewerbern auswählen. ● Oft haben externe Bewerber eine größere Leistungsbereitschaft, da sie sich in der neuen Firma erst noch bewähren müssen. ● Wird ein Bewerber abgelehnt, so wirkt sich dies nicht negativ auf das Betriebsklima aus.	● Eine längere Einarbeitungszeit ist notwendig, da das Unternehmen für einen „Neuling" noch fremd ist. ● Das Risiko, den „Falschen" einzustellen, ist höher, da die Personalverantwortlichen den Bewerber noch nicht kennen. ● Werden frei werdende Stellen nur unternehmensextern besetzt, kann die Motivation der Mitarbeiter sinken, da Aufstiegschancen fehlen. ● Außerdem wird Know-how abgezogen, indem Mitarbeiter die Firma verlassen.

3.3.2   Aufbau der Stellenanzeige

Ein wichtiges Instrument der externen Personalbeschaffung ist die Stellenanzeige. Um zielgerichtet zu sein, sollte sie alle notwendigen Informationen übersichtlich enthalten und die folgenden Punkte berücksichtigen:

● Name und Anschrift sowie Selbstdarstellung des Unternehmens
● Eintrittszeitpunkt
● Stellenbezeichnung mit Aufgabenbeschreibung, Kompetenzen und Aufstiegsmöglichkeiten
● Anforderungen an den Bewerber wie Ausbildung, Qualifikation, Spezialkenntnisse, Berufserfahrung und Persönlichkeitsmerkmale (z.B. Flexibilität, Teamfähigkeit)
● Unternehmensleistung (z.B. Sozialleistungen, Vergütung)
● Formalien für die Bewerbung, z.B. schriftlich oder per E-Mail, gewünschte Zeugnisse, Bewerbungsfrist
● Ansprechpartner mit Telefonnummer, Anschrift des Unternehmens

Stellenanzeige

Weber & Söhne GmbH

Wir sind Großhändler für hochwertige Möbel und europaweit tätig.

Die Zufriedenheit unserer Kunden sowie das Wohl unserer Mitarbeiter stehen für uns an oberster Stelle.

Für das Sekretariat der Geschäftsleitung suchen wir einen/eine

Kaufmann/Kauffrau für Bürokommunikation

Ihre Aufgaben: Auftragsbearbeitung/-abwicklung, Terminorganisation und -koordination, Durchführung allgemeiner Bürokommunikation und -organisation, Bearbeitung des allgemeinen Schriftverkehrs, Reisevor- und -nachbereitung

Ihre Qualifikation: Ausbildung zum Kaufmann / zur Kauffrau für Bürokommunikation mit mindestens dreijähriger Berufserfahrung, sehr gute Deutschkenntnisse in Wort und Schrift, gute Englischkenntnisse, Beherrschung der MS-Office-Anwendungsprogramme

Selbstständiges Arbeiten sowie Organisationstalent sind erwünscht.

Wir bieten Ihnen: einen sicheren Arbeitsplatz mit einem interessanten Aufgabenfeld, gute Aufstiegschancen und eine übertarifliche Bezahlung

Ihre Bewerbung: Bitte richten Sie Ihre schriftliche Bewerbung bis spätestens 01. Juni 2010 an die Personalabteilung – Frau Sandra Müller (Tel. 07777/777-7656).

Weber & Söhne GmbH, Waldstr. 7, 77777 Eichtal, http://www.webersoehne.de

3.3.3 Das Allgemeine Gleichbehandlungsgesetz bei der Personalbeschaffung

Wird Personal extern beschafft, muss das Allgemeine Gleichbehandlungsgesetz (AGG) (umgangssprachlich „Antidiskriminierungsgesetz") beachtet werden. Es soll verhindern, dass einzelne Bewerber oder Mitarbeiter benachteiligt werden, beispielsweise wegen ihrer ethnischen Herkunft, ihres Geschlechts, ihrer Religion, einer Behinderung, ihres Alters oder ihrer sexuellen Identität. Werden Mitarbeiter diskriminiert, haben sie ein Beschwerderecht sowie Schadensersatz- und Entschädigungsanspruch. Für Personalverantwortliche ist es also überaus wichtig, das AGG zu kennen und es einzuhalten.

3.3.4 Personalleasing als externe Beschaffung

Das Personalleasing ist eine Sonderform der externen Personalbeschaffung. Das Unternehmen leiht sich Mitarbeiter von einer Perso-
nalleasingfirma und zahlt dieser dafür eine Leasinggebühr. Dadurch
können kurzfristig auftretende Engpässe in der Personalstruktur über-
brückt werden, ohne gleich neue Mitarbeiter einstellen zu müssen.
Der Arbeitnehmerüberlassungsvertrag zwischen Leasingfirma und
entleihendem Unternehmen muss schriftlich abgefasst und grundsätzlich unbefristet sein, außer es liegt ein triftiger Grund vor. Der Vertrag muss beinhalten, dass die Leasingfirma über die benötigte
Erlaubnis durch die Arbeitsverwaltung verfügt. Das entleihende
Unternehmen muss für jeden entliehenen Arbeitnehmer eine Kont-
rollmeldung an die zuständige Krankenkasse liefern. Gerade in schwa-
chen Konjunkturphasen, in denen sich Arbeitgeber nicht lange an
Arbeitnehmer binden wollen, ist das Personalleasing eine beliebte
Maßnahme zur kurzfristigen Personalbeschaffung. Die gesetzliche
Grundlage dafür bildet das sog. Arbeitnehmerüberlassungsgesetz
(AÜG).

Personalleasing aus Arbeitnehmersicht	
Vorteile	**Nachteile**
● Häufiger Arbeitsplatzwechsel bringt Arbeitserfahrung. ● Ein kurzfristiger und schneller Arbeitsbeginn ist möglich. ● Der Arbeitnehmer ist flexibel, da keine Bindung an die Arbeitsstelle besteht.	● keine Festanstellung ● Meist haben Zeitarbeitsfirmen keinen Betriebsrat. ● Oft ist die Bezahlung schlechter als bei Festangestellten. ● Einarbeitungszeiten sind oft zu kurz. ● Integration ist durch häufige Arbeitsplatzwechsel schwierig.

Personalleasing aus Arbeitgebersicht	
Vorteile	**Nachteile**
● Personalengpässe kurzfristig und schnell überbrückbar ● kein Arbeitgeberrisiko ● hohe Flexibilität	● Häufiger Personalwechsel bringt Unruhe in den Kollegenkreis. ● Einarbeitungszeiten für neue Arbeitskräfte

- keine aufwändige Personal-
  suche
- keine Neueinstellungen
- Kosten sind kalkulierbar.

- Unfälle können zunehmen, da
  Leasingkräfte nicht mit dem Unternehmen vertraut sind.
- Leasingkräfte identifizieren sich
  nicht mit dem Unternehmen.

Aufgaben zur Selbstkontrolle

1. Auf welchen Wegen kann das Personal beschafft werden? Nennen
   Sie jeweils Vor- und Nachteile!
2. Welche Vor- und Nachteile bietet Personalleasing für Arbeitgeber
   bzw. Arbeitnehmer?

4 Personalauswahl und Einstellung

4.1 Phasen der Personalauswahl

Die Personalauswahl umfasst mehrere Phasen, die dem Ziel dienen, den
geeignetsten Bewerber für die ausgeschriebene Stelle zu finden. Dabei
wird nach dem Prinzip „vom Groben zum Feinen" vorgegangen, d.h., in
der ersten Phase werden die Bewerber nach recht groben Kriterien sortiert, während in den folgenden Phasen relativ gleichwertige Bewerber
nach feineren Kriterien unterschieden und ausgewählt werden.

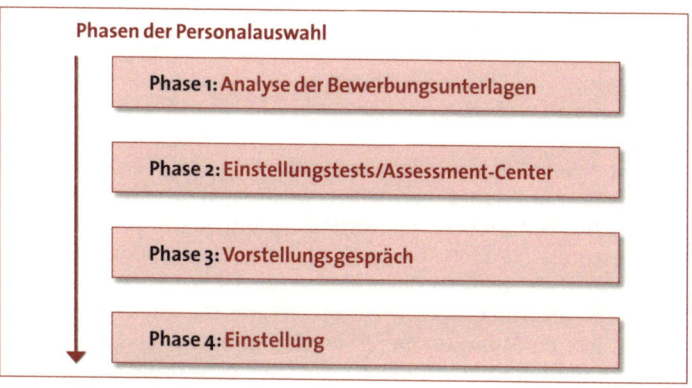

Abb. 4.1: Phasen der Personalauswahl

In Phase 1 werden die Bewerbungsunterlagen der verschiedenen Bewerber wie Anschreiben, Lebenslauf und Zeugnisse eingehend überprüft. Nicht nur der Inhalt, sondern auch die Form ist dabei wichtig. Danach werden die Bewerbungsunterlagen der Interessenten bewertet, beispielsweise in Form des Drei-Gruppen-Verfahrens. Die Bewerber werden in drei von der Eignung abhängige Gruppen eingeteilt:

● Gruppe 1: Bewerber sind geeignet und werden zum Vorstellungs-gespräch eingeladen.

● Gruppe 2: Bewerber sind bedingt geeignet und werden bei Bedarf zum Vorstellungsgespräch eingeladen.

● Gruppe 3: Bewerber sind ungeeignet und bekommen eine Absage.

Folgende Voraussetzungen sollten Bewerbungsunterlagen erfüllen, damit der Bewerber einen guten Eindruck beim Unternehmen macht:
● Die Bewerbungsunterlagen sind in einer Bewerbungsmappe abgeheftet, beides ist sauber und nicht geknickt.
● Das Bewerbungsfoto ist aktuell und professionell fotografiert.
● Der Lebenslauf ist lückenlos, übersichtlich und enthält Fachkennt-nisse, Abschlüsse und Berufserfahrung des Bewerbers sowie Hobbys.
● Das Anschreiben stellt die Fähigkeiten und Kenntnisse des Bewer-bers heraus und macht klar, warum sich dieser gerade auf diese eine Stelle bewirbt.
● Anschreiben und Lebenslauf sind fehlerfrei geschrieben.
● Beigefügt sind Kopien der Zeugnisse, Arbeitszeugnisse und even-tuell Arbeitsproben.

Phase 2 beinhaltet, vor allem bei größeren Unternehmen, Einstel-lungstests, z.B. Persönlichkeitstests, Leistungstests, Intelligenztests oder auch Arbeitsproben. Hier wird überprüft, ob der Bewerber auch tatsächlich für die Stelle geeignet ist, denn Einstellungstests erfor-schen Merkmale von Bewerbern, die man weder aus den Bewerbungs-unterlagen noch im Gespräch feststellen kann. Die verwendeten Tests unterliegen der Mitbestimmung des Betriebsrats nach § 94 BetrVG. Teilweise folgt auf die erste Phase aber auch direkt die dritte Phase, denn nicht immer werden Einstellungstests durchgeführt.

Einstellungstests		
Persönlichkeitstests ...	**Leistungstests ...**	**Intelligenztests ...**
● werden nur noch selten eingesetzt, wenn, dann bei Führungskräften. ● überprüfen Denk- und Urteilsfähigkeit, Leistungs- und Einfühlungsvermögen, Verantwortungsbewusstsein und soziales Verhalten. ● sind arbeitsrechtlich kritisch, da sie persönliche Merkmale offenbaren. ● müssen von Psychologen durchgeführt werden.	● werden oft eingesetzt bei der Auswahl von Auszubildenden. ● überprüfen fachliche Qualifikation, Ausdauer, Ordnungssinn, praktische Geschicklichkeit etc.	● werden oft eingesetzt bei der Auswahl von Auszubildenden. ● überprüfen, ob Lebensalter und erreichter Entwicklungsstand übereinstimmen. ● überprüfen Einfallsreichtum, Urteilsklarheit, Art des Denkens etc.

Gerade wenn Führungspositionen in größeren Unternehmen besetzt werden müssen, werden anstatt Einstellungstests oder im Anschluss an diese auch sog. Assessment-Center durchgeführt. Eine Auswahl von Bewerbern wird dabei an ein bis zwei Tagen auf ihre Schlüsselqualifikationen und Führungsqualitäten hin getestet. Aus Gruppendiskussionen, Rollenspielen oder Präsentationen lesen die geschulten Assessoren die Fähigkeiten der Bewerber wie Kommunikations- oder Teamfähigkeit, Stressbewältigung etc. ab und empfehlen die am besten geeigneten Bewerber der Geschäfts- oder Personalleitung.

In Phase 3 muss sich der Bewerber in einem Vorstellungsgespräch bewähren. Es dient der Personalabteilung dazu, einen persönlichen Eindruck von einem Bewerber zu bekommen, dessen Eignung und Interessen festzustellen, ihn über seine Tätigkeiten und die Organisation des Unternehmens zu informieren und weitere offene Fragen zu klären.

In Phase 4 erfolgt die Einstellung des Bewerbers, und er erhält seinen Arbeitsvertrag.

4.2   Beteiligung des Betriebsrats

Verfügt das Unternehmen über einen Betriebsrat, muss dieser vor der Einstellung angehört werden. Die spezielle Regelung findet sich im Gesetz:

---

§ 99 BetrVG

Mitbestimmung bei personellen Einzelmaßnahmen

(1) In Unternehmen mit in der Regel mehr als zwanzig wahlberechtigten Arbeitnehmern hat der Arbeitgeber den Betriebsrat vor jeder Einstellung, Eingruppierung, Umgruppierung und Versetzung zu unterrichten, ihm die erforderlichen Bewerbungsunterlagen vorzulegen und Auskunft über die Person der Beteiligten zu geben; er hat dem Betriebsrat unter Vorlage der erforderlichen Unterlagen Auskunft über die Auswirkungen der geplanten Maßnahme zu geben und die Zustimmung des Betriebsrats zu der geplanten Maßnahme einzuholen.

Der Betriebsrat kann innerhalb einer Woche der Einstellung zustimmen, auf Stellungnahme verzichten oder der Einstellung widersprechen, falls triftige Gründe vorliegen, z.B. wenn gegen Auswahlrichtlinien verstoßen wurde oder Nachteile für andere Arbeitnehmer entstehen könnten.

4.3   Der Arbeitsvertrag

Die Ausstellung und Aushändigung des Arbeitsvertrages bildet den Abschluss des Einstellungsverfahrens. Er bedarf keiner bestimmten äußerlichen und inhaltlichen Form, sollte aber schriftlich abgefasst und vom Arbeitgeber unterschrieben sein, denn laut Nachweisgesetz (NachwG; dieses gilt nicht für Aushilfen, die weniger als 400 Stunden pro Jahr beschäftigt sind) müssen die wichtigsten Punkte schriftlich dargelegt werden (vgl. § 2 NachwG). Diese sind:

§ 2 NachwG

Nachweispflicht

(1) Der Arbeitgeber hat spätestens einen Monat nach dem vereinbarten Beginn des Arbeitsverhältnisses die wesentlichen Vertragsbedingungen schriftlich niederzulegen, die Niederschrift zu unterzeichnen und dem Arbeitnehmer auszuhändigen. In die Niederschrift sind mindestens aufzunehmen:

1. der Name und die Anschrift der Vertragsparteien,
2. der Zeitpunkt des Beginns des Arbeitsverhältnisses,
3. bei befristeten Arbeitsverhältnissen: die vorhersehbare Dauer des Arbeitsverhältnisses,
4. der Arbeitsort oder, falls der Arbeitnehmer nicht nur an einem bestimmten Arbeitsort tätig sein soll, ein Hinweis darauf, daß der Arbeitnehmer an verschiedenen Orten beschäftigt werden kann,
5. eine kurze Charakterisierung oder Beschreibung der vom Arbeitnehmer zu leistenden Tätigkeit,
6. die Zusammensetzung und die Höhe des Arbeitsentgelts einschließlich der Zuschläge, der Zulagen, Prämien und Sonderzahlungen sowie anderer Bestandteile des Arbeitsentgelts und deren Fälligkeit,
7. die vereinbarte Arbeitszeit,
8. die Dauer des jährlichen Erholungsurlaubs,
9. die Fristen für die Kündigung des Arbeitsverhältnisses,
10. ein in allgemeiner Form gehaltener Hinweis auf die Tarifverträge, Betriebs- oder Dienstvereinbarungen, die auf das Arbeitsverhältnis anzuwenden sind.

Der Nachweis der wesentlichen Vertragsbedingungen in elektronischer Form ist ausgeschlossen.

Beispiel

Weber & Söhne GmbH

Arbeitsvertrag

Zwischen der Firma Weber & Söhne GmbH, Eichtal (Arbeitgeber) und Frau Martina Brenner, wohnhaft in Eichtal, (Arbeitnehmer) wird folgender Arbeitsvertrag geschlossen:

§ 1   Beginn des Arbeitsverhältnisses, Tätigkeit

Der Arbeitnehmer wird zum 01.08.2010 als Kauffrau für Bürokommunikation eingestellt. Sie übernimmt die Tätigkeiten einer Sachbearbeiterin im Chefsekretariat. Der Arbeitnehmer verpflichtet sich, im Bedarfsfall auch andere ihm zumutbare Tätigkeiten im Betrieb zu übernehmen. Der Arbeitsvertrag ist auf 12 Monate befristet.

§ 2   Probezeit/Kündigungsfristen

Die ersten drei Monate des Angestelltenverhältnisses gelten als Probezeit. Die Kündigungsfristen bestimmen sich nach dem BGB.

§ 3   Vergütung

Die monatliche Vergütung richtet sich nach dem gültigen Tarifvertrag. Der Arbeitsplatz ist in die Gehaltsgruppe II eingestuft.
Die Zahlung erfolgt bargeldlos jeweils zum Ende des Monats.
Die Zahlung von etwaigen Sondervergütungen erfolgt freiwillig und ohne Begründung eines Rechtsanspruchs für die Zukunft.

§ 4   Arbeitszeit/Überstunden

Die Arbeitszeit richtet sich nach der betriebsüblichen Zeit und beträgt derzeit wöchentlich 40 Stunden ohne Pausen. Näheres findet sich in der Betriebsvereinbarung.
Der Arbeitgeber ist berechtigt, aus dringenden betrieblichen Bedürfnissen Überstunden anzuordnen. Bis zu 15 Überstunden im Monat kann der Arbeitnehmer nach Absprache mit seinem Vorgesetzten durch Freizeit ausgleichen. Darüber hinausgehende Überstunden werden vergütet.

§ 5   Urlaub

Der Jahresurlaub beträgt 30 Werktage. Die zeitliche Lage des Urlaubs muss mit dem Abteilungsleiter abgestimmt werden. Nimmt der Arbeitnehmer an Veranstaltungen der Weiterbildung teil (Ernährungskurse u.Ä.), ist der Betrieb bereit, dafür bezahlten Sonderurlaub zu gewähren.

§ 6   Betriebliche Regelungen/Tarifvertrag

Ergänzend gelten die bestehenden Betriebsvereinbarungen und die Regelungen des Tarifvertrages in seiner jeweils gültigen Fassung. Diese Unterlagen können bei der Geschäftsleitung eingesehen werden.

§ 7   Nebenabreden

Nebenabreden und Änderungen des Vertrages bedürfen zu ihrer Rechtsgültigkeit der Schriftform.

Eichtal, den 01.08.2010

Sebastian Meier   Martina Brenner

Unterschrift des Arbeitgebers   Unterschrift des Arbeitnehmers

Aufgaben zur Selbstkontrolle

1. Welche Arten von Einstellungstests gibt es? Nennen Sie einige Merkmale, die mithilfe von Tests herausgefunden werden können.

2. Nach welchen Kriterien können Bewerbungsunterlagen beurteilt werden?

3. Mit welchem Verfahren können eingehende Bewerbungsunterlagen bewertet werden? Erläutern Sie dieses.

4. Die Fitness OHG, Hersteller von Trainingsgeräten, hat nach einem langen Auswahlverfahren einen neuen Feinmechaniker gefunden, der nun eingestellt werden soll. Den Zuschlag bekam jedoch nicht der am besten geeignete Kandidat, sondern der Neffe des Vertriebsleiters, der sich auf die Stelle ebenfalls beworben hatte.
   a) Könnte diese Einstellung durch den Betriebsrat verhindert werden? Auf welches Gesetz müsste sich dieser berufen?
   b) Auf Einstellungstests wurde bei dem Auswahlverfahren verzichtet. Warum kann auf Phase 1 des Einstellungsverfahrens auch direkt Phase 3 folgen?
   c) Ein Freund des Geschäftsführers der Fitness OHG ist Psychologe. Er schlägt vor, beim nächsten Auswahlverfahren doch Persönlichkeitstests durchführen zu lassen. Wie beurteilen Sie den Vorschlag?

5 Personalführung

Mit Personalführung ist die Gestaltung der Beziehung zwischen Vorgesetzten und ihren Mitarbeitern gemeint, das Leiten der Mitarbeiter anhand von Kommunikation und Interaktion. Sie hat die Ausrichtung der Verhaltensweisen der Mitarbeiter auf die Unternehmensziele zum Gegenstand. Die Personalführung muss damit in Einklang mit den Unternehmenszielen und den Interessen der Mitarbeiter stehen. Zur Personalführung dienen verschiedene Instrumente (siehe Kapitel 5.4), die in unterschiedlicher Ausprägung eingesetzt werden können.

5.1 Der Vorgesetzte

In den meisten Unternehmen hat sich das Führungsverständnis von Vorgesetzten in den letzten Jahren und Jahrzehnten grundlegend gewandelt. Während man früher vom Vorgesetzten und seinen

„Untergebenen" sprach, so hat sich heute das Verhältnis dahin gehend gewandelt, dass in den „Untergebenen" qualifizierte Mitarbeiter gesehen werden, die einer der wichtigsten Faktoren für den Unternehmenserfolg sind.

5.1.1 Führungsfunktionen des Vorgesetzten

Der Vorgesetzte hat verschiedene Führungsfunktionen gegenüber den Mitarbeitern zu erfüllen:

- Er hat Vorbildfunktion für die Mitarbeiter.
- Er setzt Ziele und gibt Anweisungen.
- Er muss neue Mitarbeiter einarbeiten.
- Er muss Aufgaben an Mitarbeiter verteilen und die Ausführung überwachen und kontrollieren.
- Er plant, trifft und realisiert Entscheidungen.
- Er motiviert Mitarbeiter, fördert und beurteilt sie.
- Er kann Konflikte im Betrieb lösen und ein gutes Betriebsklima schaffen.
- Er steuert Aufgaben und Abläufe.
- Er gibt Feedback zu den Leistungen der Mitarbeiter.
- Er repräsentiert eine Gruppe und hat Verantwortung nach außen zu übernehmen.

5.1.2 Autorität des Vorgesetzten

Auch in dieser neuen Kultur der Führung benötigt ein Vorgesetzter Autorität, um die genannten Führungsfunktionen erfüllen zu können. Autorität ergibt sich zunächst aus der vom Unternehmen verliehenen Position, dem Vorgesetztenstatus. Dieser stellt jedoch in der Regel nur eine oberflächliche Autorität dar, tiefgründiger wird die Autorität durch die fachliche und persönliche Kompetenz des Vorgesetzten.

Autorität des Vorgesetzten		
dienstliche Autorität	**fachliche Autorität**	**persönliche Autorität**
• Position in der Hierarchie des Unternehmens • Umfang der Rechte und Pflichten im Unternehmen	• berufliche Qualifikation und fachliche Kenntnisse (notwendige Abschlüsse, z.B. Universität) • Ruf in fachlicher Hinsicht	• Persönlichkeit und positives Menschenbild • Mitarbeiterführung (z.B. Motivation, Fairness)

● Kenntnisse von Betriebsabläufen und Zuständigkeiten innerhalb des Unternehmens	● Verantwortungsbereitschaft ● Teamfähigkeit ● Kontaktfähigkeit

5.1.3   Hierarchie der Vorgesetzten

Vorgesetzte gibt es in einem Unternehmen auf verschiedenen Ebenen. Grundsätzlich werden im organisatorischen Aufbau vier Ebenen in Unternehmen unterschieden:

Hierarchie der Vorgesetzten		
Ebene	**Personen**	**Aufgaben**
Top-Management	● Oberste Führungskräfte: ● Geschäftsführer ● Eigentümer ● Vorstandsmitglieder	● strategische Ausrichtung des Unternehmens ● Leitbild ● Vorgaben für Unternehmenspolitik
Oberes Management	● Prokuristen ● Standortleiter ● Niederlassungsleiter ● Spartenleiter	● Umsetzung strategischer Vorgaben ● weit reichende operative Entscheidungen ● Personalentscheidungen
Mittleres Management	● Abteilungsleiter ● Betriebsleiter	● Umsetzung der operativen Entscheidungen des oberen Managements
Unteres Management	● Vorarbeiter ● Teamleiter ● Meister ● Schichtleiter	● Umsetzung der Anordnungen des mittleren Managements im Tagesgeschäft

5.2   Der Mitarbeiter

Die Mitarbeiter und ihre Qualifikationen stellen die wichtigste Ressource eines Unternehmens dar. Die Qualifikation kann dabei in vier grundlegende Bereiche unterschieden werden, die auch Themenbereiche für die Personalentwicklung darstellen.

Die Qualifikation eines Mitarbeiters ergibt sich durch seine berufliche Handlungskompetenz. Die berufliche Handlungskompetenz setzt sich zusammen aus:

Berufliche Handlungskompetenz	
Fachkompetenz	• Fachwissen des Mitarbeiters
Soziale Kompetenz	• Fähigkeit, im Team zu arbeiten • Kommunikations- und Kooperationsfähigkeit
Methodenkompetenz	• Fähigkeit des Mitarbeiters, sich selbst zu organisieren (effizient und effektiv zu arbeiten) • gutes Zeitmanagement
Selbstkompetenz	• Der Mitarbeiter hat ein gutes und realistisches Selbstbild. • Er ist selbstbewusst. • Er traut sich etwas zu, sieht aber auch seine Grenzen.

Die Leistung des Mitarbeiters hängt jedoch nicht nur von seiner beruflichen Handlungskompetenz ab, sondern auch von seinem Willen, seine Kompetenzen voll für das Unternehmen einzusetzen.

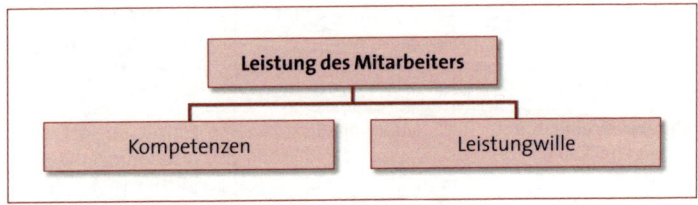

Abb. 5.1: Leistung des Mitarbeiters

Ein Mitarbeiter, der innerlich gekündigt hat, kann noch so gute Kompetenzen besitzen, er wird sie nur in geringem Maße für das Unternehmen einsetzen. Während die Kompetenzen durch gezielte Personalentwicklungsmaßnahmen gestärkt werden können, ist der Wille zur Leistung nicht durch einzelne Seminare o.Ä. förderbar, sondern kann nur durch die Führung und die Unternehmenskultur insgesamt aufrechterhalten und gestärkt werden. Eine Möglichkeit, die „Willensstärkung" von Mitarbeitern zu verstehen, ist die Auseinandersetzung mit Motivationstheorien (siehe Kapitel 5.3). Direkt auf den Willen können Vorgesetzte über Führungsinstrumente (Motivatoren) einwirken (siehe Kapitel 5.4).

5.3   Motivationstheorien

5.3.1   Die X- und Y-Theorie von McGregor

Die X- und Y- Theorie geht auf den amerikanischen Psychologen Douglas McGregor zurück und stellt in den zwei Modellen X und Y zwei vollkommen unterschiedliche Menschenbilder dar:

Der Mitarbeiter im Modell X ist leistungsunwillig, passiv, faul, desinteressiert und lehnt Verantwortung ab. Daher ist hier eine autoritäre Führung durch den Vorgesetzten unabdingbar. Um eine genügende Leistung zu erhalten, muss er den Mitarbeiter anleiten, kontrollieren und im Notfall bestrafen.

Der Mitarbeiter im Modell Y ist das Gegenteil. Er ist interessiert, motiviert, leistungswillig, übernimmt bereitwillig Verantwortung und zieht seine Zufriedenheit aus seinem Arbeitsinhalt und -erfolg. Dem Vorgesetzten kommt damit die Aufgabe zu, diesen Mitarbeiter zu motivieren, beispielsweise durch das Ausweiten seines Verantwortungsbereichs, Projektarbeit oder mehr Selbstbestimmung.

5.3.2   Die Motivationstheorie von Maslow

Begründet wurde die Motivationslehre durch den US-amerikanischen Psychologen Abraham Harold Maslow. In der von ihm entwickelten Maslow'schen Bedürfnispyramide, die eine Bedürfnishierarchie darstellt, geht er davon aus, dass Bedürfnisse je nach der Dringlichkeit ihrer Befriedigung eingeordnet werden können. Die menschlichen Bedürfnisse bilden die „Stufen" der Pyramide und bauen aufeinander auf. Der Mensch versucht nach Maslow, zuerst die Bedürfnisse der niedrigen Stufen zu befriedigen, bevor die nächsten Stufen Bedeutung erlangen.

Abb. 5.2: Bedürfnispyramide von Maslow

Beispiele für die Stufen der Pyramide

Selbstverwirklichung: Individualität, Talententfaltung, Kunst, Philosophie

Soziale Anerkennung: Status, Wohlstand, Karriere, Macht

Soziale Beziehungen: Partnerschaft, Freundschaft, Liebe, Kommunikation

Sicherheit: Wohnung, Arbeitsplatz, Versicherungen, Gesundheit

Körperliche Grundbedürfnisse: Atmung, Nahrung, Schlaf, Sexualität

Bedürfnisse werden auch als subjektives Mangelgefühl eines Menschen bezeichnet. Maslow definiert die Stufen 1 bis 4 als Mangelgefühle, die Stufe 5 als Wachstumsbedürfnis. Motivatoren im Bereich der Personalpolitik lassen sich am ehesten den Stufen 4 und 5 zuordnen. Allerdings sind Motive für einen Arbeitsplatz auf allen fünf Stufen erkennbar: So geht es bei der Arbeit zunächst darum, Geld zu verdienen, um seinen Lebensunterhalt bestreiten zu können (Stufe 1). Die Arbeitsplatzsicherheit ist für Menschen, die Erfahrungen mit Arbeitslosigkeit gemacht haben, ein zentrales Motiv für die Wahl eines Unternehmens (Stufe 2).

5.3.3 Die Zweifaktorentheorie von Herzberg

Eine Weiterentwicklung der Theorie von Maslow ist die Zweifaktoren-theorie (auch Motivator-Hygiene-Theorie genannt) von Frederick Herzberg. Er unterscheidet zwei Arten von Faktoren, die für die Zufrie-denheit bzw. Unzufriedenheit von Mitarbeitern verantwortlich sind:

Auf den Inhalt der Arbeit beziehen sich die sog. Motivatoren. Diese motivieren den Mitarbeiter zu einer hohen Arbeitsleistung und sind in erster Linie für dessen Zufriedenheit verantwortlich. Motivatoren kön-nen sein: gute Bezahlung, Verantwortung, interessante Aufgaben, Aufstiegsmöglichkeiten etc. Fehlen diese Motivatoren, führt dies jedoch nicht automatisch zu Unzufriedenheit.

Auf das Umfeld der Arbeit beziehen sich die sog. Hygienefaktoren. Diese verhindern die Unzufriedenheit der Mitarbeiter, sofern sie eine gewisse Ausprägung erlangen. Dazu gehören z.B. zwischenmenschli-che Beziehungen am Arbeitsplatz, Personalführung, Personalentloh-nung, Arbeitsplatzsicherheit, Arbeitsbedingungen. Sind diese Fakto-ren negativ besetzt, beispielsweise aufgrund einer schlechten Bezahlung, eines cholerischen Chefs oder Mobbings durch die Kolle-gen, so ist der Mitarbeiter unzufrieden. Zu hoher Leistung wird er jedoch auch bei sehr guter Ausprägung nicht angespornt, da er die Hygienefaktoren vielmehr als selbstverständlich ansieht.

5.4 Führungsinstrumente (Motivatoren)

Die Leistung des Mitarbeiters ist durch den Vorgesetzten beeinfluss-bar, indem er auf die Komponente „Leistungswille" bis zu einem gewissen Grade einwirken kann. Durch den Einsatz von Führungsinst-rumenten (Motivatoren) kann der Vorgesetzte seine Mitarbeiter moti-vieren und mit ihnen in Dialog treten und damit seine Aufgaben und Ziele erfüllen.

Durch Führungsinstrumente kann das Unternehmen wirtschaftlicher und effizienter arbeiten. Die Mitarbeiter sind motiviert und identifi-zieren sich leichter mit dem Unternehmen.

Die üblichen Motivatoren sind:

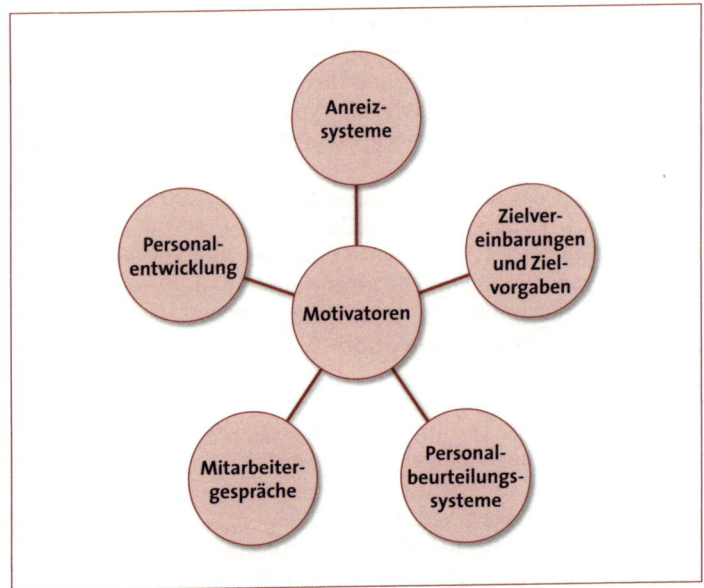

Abb. 5.3: Motivatoren

5.4.1 Anreizsysteme

Anreize sollen zu höheren Leistungen motivieren. Insbesondere die Entlohnung kann im Unternehmen mit einem Anreizsystem verbunden sein. Den Anreizsystemen liegt das Führungsdenken zugrunde, dass Mitarbeiter durch Anreize von außen zu Leistungssteigerungen motiviert werden können (z.B. Prämienlohn, Verkaufsprovision). Die variable Entlohnung ermöglicht eine Verknüpfung der Vergütung mit unternehmerischen Zielen sowie eine stärkere leistungsabhängige Differenzierung des Entgelts. Dies ist eine Form der extrinsischen Motivation (extrinsisch: „von außen"), d.h., es wird versucht, die Motivation des Mitarbeiters dadurch zu erhöhen, dass die Vergütung direkt an seine Leistung gekoppelt wird. Dies ist z.B. im Verkauf gegeben: Je aktiver ein Verkäufer sich um seine Kundschaft bemüht, umso höher ist der Umsatz. Naheliegend ist es also, den Umsatz mit dem Lohn des Verkäufers zu koppeln. Ist keine proportionale Kopplung gegeben, können neben Formen des Prämienlohns auch nicht-monetäre Anreize geboten werden, z.B. Firmenwagen, Büroausstattung, Befugnisse im

Unternehmen, die insbesondere dem Bedürfnis nach sozialer Anerkennung und Prestige des Mitarbeiters entgegenkommen.

Auch wenn es sehr logisch klingt, dass solche Anreizsysteme motivierend auf die Mitarbeiter wirken, so haben sie doch zum einen dort ihre Grenzen, wo die individuelle Leistung nicht mehr messbar, sondern die Leistung durch den Einsatz eines gesamten Teams erreicht wird. Zum anderen können sie auch durch überhöhte Anforderungen die Mitarbeiter in die Überforderung führen, sodass nur noch wenige in den Genuss der Anreize kommen und gleichzeitig durch ein überhöhtes Engagement die Messlatte immer weiter nach oben schrauben (umgangssprachlich auch als „Akkord-Reißer" bezeichnet). Der Rest der Belegschaft wird durch überhöhte Anforderungen eher demotiviert, zudem wird der Teamgeist beschädigt.

5.4.2 Zielvereinbarungen und Zielvorgaben

Das Führen über Ziele hat sich bislang als besonders erfolgreich erwiesen. Es ist nichts Neues, dass Unternehmen Ziele haben. Ziele sind beispielsweise: Umsatzsteigerung um 5 % bis zum Jahresende, Erhöhung der Kundenzufriedenheit innerhalb von sechs Monaten. Die Zielvereinbarung ist jedoch unmittelbar auf der Ebene des Mitarbeiters angesiedelt, der im Gespräch mit seinem Vorgesetzten sich selbst Ziele steckt. Natürlich kann der Mitarbeiter sein Ziel nicht völlig frei wählen, sondern muss sich nach bestimmten Zielvorgaben richten (durchschnittlicher Umsatz etc.). Im Unterschied jedoch zur reinen Vorgabe ist eine Zielvereinbarung ein Vertrag, dem Vorgesetzter und Mitarbeiter zustimmen und bei dem der Mitarbeiter die Möglichkeit hat, sich einzubringen. Er kann zudem über die Maßnahmen mitentscheiden, die für die Zielerreichung notwendig sind.

Durch die Beteiligung des Mitarbeiters an der Zielvereinbarung wirkt diese motivierend. Der Mitarbeiter fühlt sich weniger fremdbestimmt, da es die eigenen Ziele sind. Die Ziele können zudem später als Beurteilungsmaßstab herangezogen werden.

Ziele sollten so formuliert sein, dass sie die sog. SMART-Regel erfüllen:
S pezifisch
M essbar
A ttraktiv
R realistisch
T erminiert

Beispiel

Der Vertriebsleiter der Autohaus AG vereinbart mit seiner Mitarbeiterin im Vertrieb, Carolin Lewark, dass Sie eine Prämie von 5.000,00 € erhält, wenn sie dieses Jahr ein Umsatzvolumen von 500.000,00 € erzielt. Dieses Ziel hat der Vertriebsleiter mit Carolin Lewark besprochen; sie hält es für realistisch.

Die SMART-Regel ist erfüllt:

Spezifisch: Das Ziel ist direkt auf Carolin Lewark zugeschnitten.

Messbar: Das Umsatzvolumen ist konkret messbar.

Attraktiv: Es besteht ein konkreter Leistungsanreiz.

Realistisch: Das Umsatzvolumen kann durch die eigene Leistung erreicht werden.

Terminiert: Der Zeitraum ist klar beschrieben.

5.4.3 Personalbeurteilungssysteme

Die Mitarbeiterbeurteilung stellt ein wirksames Instrument dar, um zu überprüfen, ob ein Mitarbeiter effektiv und effizient eingesetzt wird. Diese Form der Beurteilung erfordert jedoch mehr als ein Gespräch zwischen Vorgesetztem und seinem Mitarbeiter, bei dem der Vorgesetzte „nach Bauchgefühl" urteilt. Ein Personalbeurteilungssystem ist eine systematische Herangehensweise an die Leistungsbeurteilung, in der versucht wird, mit klaren Beurteilungsmerkmalen ein möglichst objektives Bild der Situation des Mitarbeiters zu zeichnen. Die Beurteilungsmerkmale müssen zunächst festgelegt, definiert sowie gewichtet werden. Grundsätzlich lässt sich die Beurteilung des Mitarbeiters an verschiedenen Dimensionen ausrichten.

Üblicherweise sind dies:

● Leistungsverhalten
● Sozialverhalten
● Mitarbeiterpotenzial

Diese Dimensionen werden anhand von Merkmalen konkretisiert, die dann beurteilbar (z.B. durch Beobachtung) sind.

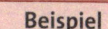

Beispiel

Dimension Sozialverhalten:

- Beurteilungsmerkmal: Freundlichkeit gegenüber Kunden
- Beurteilungsstufen: übersteigt die Erwartung, entspricht voll der Erwartung, entspricht im Allgemeinen der Erwartung, entspricht selten der Erwartung
- Beurteilung beruht auf einer Kundenbefragung.

Solche Beurteilungssysteme bringen mehrere Vorteile mit sich:

- Vorgesetzte erhalten ein differenziertes Leistungsprofil ihrer Mitarbeiter. Stärken und Schwächen werden differenziert sichtbar.
- Das Leistungsprofil kann Ansatzpunkte für gezielte Personalentwicklungsmaßnahmen liefern.
- Die Mitarbeiter fühlen sich aufgrund der merkmalsbasierten Beurteilung objektiver und fairer behandelt, was motivationssteigernd ist.
- Der Mitarbeiter erhält Feedback, das sich auf einzelne Merkmale seines Leistungs- und Sozialverhaltens bezieht. Dies liefert ihm Ansatzpunkte für die eigene Persönlichkeitsentwicklung.

Die Personalbeurteilung wird in Kapitel 7 vertieft.

5.4.4 Mitarbeitergespräche

Mitarbeitergespräche sollten regelmäßig zwischen Mitarbeitern und Vorgesetzten stattfinden. Sie dienen nicht nur dem Mitarbeiter als Feedback auf seine Leistung, sondern helfen auch dem Vorgesetzten, sich ein Bild von seinem Personal zu machen und dessen Zielerreichung zu überprüfen. Gegebenenfalls müssen bestimmte Ziele an veränderte Gegebenheiten angepasst werden. Der Mitarbeiter sollte konstruktive Kritik erhalten, auch Lob fördert seine Motivation und Leistung.

Mitarbeitergespräche dienen jedoch auch dazu, Probleme des Personals zu besprechen. Wird ein Mitarbeiter beispielsweise gemobbt, oder ist er seiner Arbeitsaufgabe nicht gewachsen, muss er sich an seinen Vorgesetzten wenden können. Dieser sollte Wege finden, die Probleme der Mitarbeiter zu lösen, beispielsweise durch eine Anpassung der Arbeitsaufgabe an die Fähigkeiten des Mitarbeiters oder durch die Vermittlung zwischen zwei Konfliktparteien im Falle von Mobbing. Auch im Rahmen der Personalbeurteilung werden Mitarbeitergespräche geführt. Folgende Formen von Mitarbeitergesprächen können beispielhaft aufgeführt werden:

Mitarbeitergespräche	
Form	**Inhalt**
Anerkennungs- und Kritikgespräch	• Leistungen des Mitarbeiters und Ergebnisse einer Personalbeurteilung besprechen
Informationsgespräch	• Weitergeben oder Austauschen von Informationen
Zielvereinbarungsgespräch	• Ziele vereinbaren und Zielerreichung überprüfen, z.B. ob und in welchem Maße die gesetzten Ziele erreicht wurden
Problemlösungsgespräch	• Probleme des Mitarbeiters in Bezug auf seine Arbeitsaufgabe lösen, z.B. bei einem Rückstand in der Produktion
Konfliktgespräch	• Konflikte unter den Mitarbeitern oder mit dem Vorgesetzten lösen, z.B. bei Mobbing
Entwicklungsgespräch	• Förder- und Entwicklungsmöglichkeiten des Mitarbeiters ausloten, z.B. Aufstiegsmöglichkeiten

5.4.5 Personalentwicklung

Eine Führungskraft übernimmt auch die Rolle eines Trainers oder Coachs. Jeder Mitarbeiter sollte sich weiterentwickeln, d.h. seine Fähigkeiten und Fertigkeiten verbessern und steigern können. Hierfür sind Entwicklungspläne und Trainings notwendig. Stillstand in der Mitarbeiterentwicklung bedeutet langfristig einen Verlust des Unternehmenserfolges. Mehr Informationen zur Personalentwicklung gibt Kapitel 8.

5.5   Führungsstile

Ein Vorgesetzter führt seine Mitarbeiter, indem er ihnen Ziele und Aufgaben zuweist und ihnen bei der Aufgaben- und Zielerfüllung hilft und diese überwacht. Der Führungsstil bezeichnet die Art und Weise, wie der Vorgesetzte seine Mitarbeiter führt. Der vom Unternehmen gewählte Führungsstil kann großen Einfluss auf das Unternehmensklima und die Produktivität haben.

Man unterscheidet grundsätzlich zwischen dem autoritären und dem kooperativen Führungsstil. In der Praxis sind diese Führungsstile normalerweise nicht in diesen Extremen vorhanden.

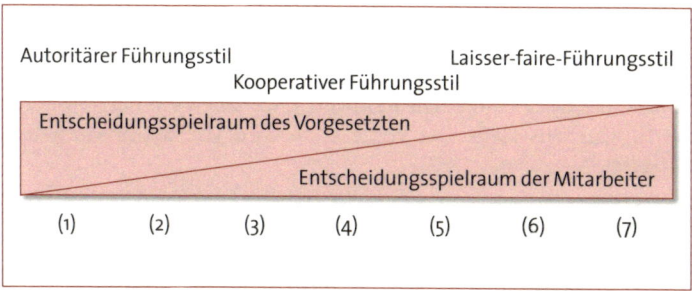

Abb. 5.4: Führungsstile

Führungsstile unterscheiden sich hinsichtlich des Entscheidungsspielraums, den der Vorgesetzte bzw. der Mitarbeiter hat. Auf einer Skala von 1 bis 7 stellt sich das folgendermaßen dar:

1. Der Vorgesetzte entscheidet alleine.
2. Der Vorgesetzte entscheidet, will die Mitarbeiter aber vorher von seinen Entscheidungen überzeugen.
3. Der Vorgesetzte entscheidet, beantwortet aber Fragen zu seinen Entscheidungen, damit diese eher akzeptiert werden.
4. Der Vorgesetzte entscheidet, aber die Mitarbeiter können ihre Meinung äußern, bevor die endgültige Entscheidung getroffen wird.
5. Die Mitarbeiter erarbeiten gemeinsam Problemlösungen, aus denen der Vorgesetzte eine aussucht.
6. Die Mitarbeiter entscheiden, nachdem der Vorgesetzte das Problem aufgezeigt und den Entscheidungsspielraum festgelegt hat.
7. Die Mitarbeiter entscheiden, der Vorgesetzte koordiniert.

Beim autoritären Führungsstil tritt der Vorgesetzte als Herrscher, der Mitarbeiter als Untergebener auf. Der Vorgesetzte trifft alle Entscheidungen alleine. Er gibt den Mitarbeitern Anweisungen und kontrolliert und überwacht deren Tätigkeiten.
Nachteil: Die Mitarbeiter haben keine Verantwortung, sind unzufrieden und demotiviert.
Vorteil: Entscheidungen können schnell getroffen werden, wenn dies nötig ist.

Beim kooperativen Führungsstil treten der Vorgesetzte und der Mitarbeiter als Partner auf, wobei der Vorgesetzte zusätzlich koordinierende Funktion hat. Er trifft Entscheidungen zusammen mit den Mitarbeitern. Diese erfüllen ihre Aufgaben eigenverantwortlich.
Nachteil: In Krisensituationen versagt dieser Führungsstil meist.
Vorteil: Die Mitarbeiter sind motiviert und haben ein hohes Verantwortungsbewusstsein. Der Vorgesetzte wird von Routineaufgaben entlastet.

Beim Laisser-faire-Führungsstil haben die Mitarbeiter große Entscheidungsfreiheit, da sich der Vorgesetzte vor allem passiv verhält und in die Rolle des Koordinators verfällt. Das geringe Ausmaß an Führung führt oft zu negativen Entwicklungen, da einzelne Mitarbeiter ihre Kompetenzen überschreiten und es häufig zu Unklarheiten kommen kann.
Nachteil: Unklare Zuständigkeiten führen zu Kompetenzüberschreitungen.
Vorteil: Hohes Maß an Freiheit der Mitarbeiter

Durch die gegenwärtige gesellschaftliche und wirschaftliche Entwicklung wird der kooperative Führungsstil für ein innovatives Unternehmen immer wichtiger. Der autoritäre und der Laisser-faire-Führungsstil sind Extreme, die in der Praxis nur selten vorkommen.

5.6   Führungstechniken
Durch verschiedene Führungstechniken (Managementtechniken) können Aufgaben und Zuständigkeiten auf unterschiedliche Art und Weise an die Mitarbeiter übertragen werden. Sie beruhen alle auf dem kooperativen Führungsstil. Die bekanntesten Führungsmodelle sind die sog. „Management by ..."-Modelle („Führung durch ...").

Management by Delegation (Führen durch Übertragen von Aufgaben)
Mitarbeiter können Aufgaben eigenverantwortlich erledigen. Die Kompetenzen müssen jedoch klar abgegrenzt sein und die Aufgaben eindeutig den jeweiligen Mitarbeitern zugeteilt werden. Führungskräfte werden so von Routinearbeiten entlastet.

> **Beispiel**
>
> Thomas Baier, Trainer bei BE FIT, kann bei neuen Mitgliedsverträgen bis zu 10 % Rabatt geben, ohne vorher seinen Chef zu fragen.

Management by Objectives (Führen durch Zielvereinbarung)
Ziele werden gemeinsam von Geschäftsleitung und Führungskräften festgelegt. Bestimmte Mitarbeiter werden mit der Erfüllung dieser Ziele betraut. Um sie zu verwirklichen, haben die Mitarbeiter einen großen Entscheidungsspielraum. Sie werden am Ergebnis ihrer Arbeit gemessen.

> **Beispiel**
>
> Der leitende Trainer bei BE FIT muss bis zum Ende des Jahres mindestens zehn neue Verträge abschließen.

Management by Exception (Führen nach dem Ausnahmeprinzip)
Innerhalb ihres Zuständigkeitsbereichs können die Mitarbeiter eigenverantwortlich entscheiden. Nur in Ausnahmefällen entscheidet die Geschäftsleitung selbst, beispielsweise wenn die gesetzten Ziele nicht erreicht wurden oder wenn besonders wichtige Entscheidungen getroffen werden müssen.

> **Beispiel**
>
> Der Meister in der Produktion des Trainingsgeräteherstellers TRIMM darf die Facharbeiter an den einzelnen Fertigungsstraßen einteilen. Nur bei Produktionsengpässen oder nach Umrüstungen übernimmt der Produktionsleiter die Einsatzplanung.

5.7   Konflikte und Mobbing am Arbeitsplatz

Immer wieder können im Unternehmen Konflikte entstehen, die sich negativ auf das Betriebsklima und somit den Erfolg des Unternehmens auswirken. Daher ist es wichtig, dass gerade Führungskräfte durch ein gutes Führungsverhalten Konflikte gar nicht erst entstehen lassen bzw. diese rechtzeitig erkennen und immer ein offenes Ohr für ihre Mitarbeiter haben, um zeitnah einzugreifen und nach Lösungsmöglichkeiten zu suchen.

Doch nicht immer bleibt es nur bei einem Konflikt. Wird ein Konflikt nicht gelöst, kann aus ihm Mobbing entstehen, das in Unternehmen und auch in anderen Bereichen wie beispielsweise Vereinen oder Schulen immer häufiger zu beobachten ist. Es ist Aufgabe der Führungskraft, Mobbing zu unterbinden.

Unter dem Begriff Mobbing (der Begriff ist abgeleitet von „mob", englisch für „zusammengerotteter Pöbel" oder „jemanden attackieren") versteht man eine dauerhafte Belästigung eines Mitarbeiters durch einen oder mehrere Kollegen. Oft sind Konflikte am Arbeitsplatz der Auslöser für Mobbing.

Der gemobbte Kollege wird beispielsweise kritisiert, bedroht, ignoriert, verleumdet, oder ihm werden Informationen vorenthalten. Mobbing greift immer mehr um sich und hat sich schon als fester Begriff im Büroalltag etabliert. Die betroffenen Personen leiden oft unter starken psychosomatischen Symptomen wie Magen- und Darmbeschwerden, Schlafstörungen oder depressiven Verstimmungen.

Meist trifft es Kollegen, die neu am Arbeitsplatz und somit noch nicht richtig in die Gruppe integriert sind. Mögliche Mobbing-Opfer sind auch Personen mit großem beruflichem Erfolg und Aufstieg, der die Kollegen neidisch macht, oder Personen, die sich von den anderen unterscheiden, beispielsweise in Bezug auf Nationalität, Dialekt oder Kleidungsstil. Oder es handelt es sich um Personen, die eine Alleinstellung innehaben, beispielsweise eine Frau in einer von Männern dominierten Branche oder Abteilung.

Ziel des durchschnittlich fünfzehn Monate dauernden Psychoterrors ist, die Person in ihrem Ansehen zu schädigen und sie von ihrem Platz zu vertreiben. Wird ein Kollege gemobbt, so läuft dies fast immer nach dem gleichen Schema ab: Zuerst entstehen Konflikte, die von den betroffenen Parteien gelöst werden wollen, aber meist nicht bewältigt werden. Danach beginnt der systematische Psychoterror, der die genannten psychosomatischen Symptome auslöst. Die betroffene Person gerät dabei in eine immer unterlegenere Position, bis ihre Stellung als Sündenbock endgültig definiert ist. Die Reaktionen reichen von Hilflosigkeit bis zu massiver Abwehr. Oft werden die gesundheitlichen Beschwerden nun so stark, dass sie behandelt werden müssen. Am Ende ist die Person den beruflichen Anforderungen tatsächlich nicht mehr gewachsen, auch wenn diese vor den Mobbing-Attacken kein Problem darstellten. Die Folgen von Mobbing betreffen auch den Arbeitgeber. Fehlzeiten und die Einarbeitung neuer Mitarbeiter lassen hohe Kosten entstehen.

Mobbing

Phase 1: Auftakt
Es gibt keine Lösung für einen Konflikt, man geht Kompromisse ein. Der Konflikt bleibt aber bestehen.

Phase 2: Eskalation
Der Konflikt wird zweitrangig, aber Aggressivität bleibt. Die gemobbte Person wird immer weiter in die Außenseiterrolle gedrängt und kann sich gegen Angriffe immer weniger wehren. Auslösung psychosomatischer Symptome.

Phase 3: Resignation
Die gemobbte Person zeigt kaum noch Widerstand gegen die persönlichen Verletzungen und resigniert. Psychosomatische Symptome verstärken sich.

Phase 4: Kapitulation
Die gemobbte Person wird depressiv, krank und ist den Arbeitsanforderungen nicht mehr gewachsen. Oft folgt die Kündigung.

Abb. 5.5: Die vier Phasen des Mobbings

Um Konflikte möglichst schnell beizulegen, sollten in Unternehmen schriftliche Pläne zur Konfliktbeseitigung erstellt werden, und zwar in Zusammenarbeit mit den Mitarbeitern, der Geschäftsführung und dem Betriebsrat. Ein Vermittlungsausschuss dient zudem als unabhängige Instanz zur Lösung von Konflikten, und eine eventuell vorhandene Sozialberatung kann Opfern Hilfestellung bei ihren physischen und psychischen Problemen geben. Auch externe Beratungsstellen können aufgesucht werden. Personalabteilung und Betriebsrat können zudem über rechtliche Fragen Auskunft geben.

Aufgaben zur Selbstkontrolle

1. Wie können Vorgesetzte ihre Mitarbeiter motivieren, und was gehört zu ihren Führungsaufgaben?

2. Was versteht man unter dem Begriff Personalführung?

3. Was versteht man unter Motivatoren? Nennen Sie Beispiele!

4. Welche Führungsfunktionen sollte ein Vorgesetzter erfüllen und warum?

5. Welche Formen von Mitarbeitergesprächen gibt es?

6. Um welche Führungstechniken handelt es sich jeweils?

   a) Zu Beginn der nächsten Geschäftsperiode muss der Personalchef der Feinwerkzeug GmbH für alle an der neuen Fertigungsanlage eingesetzten Mitarbeiter ausreichend Schulungsmöglichkeiten bereitgestellt haben.

   b) Die Thekenaushilfe im Fitnessstudio darf fehlende Eiweißriegel bei Bedarf nachbestellen, damit die Bereichsleitung von diesen Arbeiten entlastet ist.

   c) Der Abteilungsleiter eines Bekleidungsgeschäftes darf die Einsatzpläne für seine Mitarbeiter selbstständig erstellen. An den zwei verkaufsoffenen Sonntagen im Jahr übernimmt jedoch der stellvertretende Geschäftsführer die Einsatzplanung, damit alle Bereiche optimal abgedeckt sind und einem großen Besucheransturm standgehalten werden kann.

   d) Der Projektleiter bei einer Eventagentur darf die Mitarbeiter entsprechend ihrer Qualifikation für die einzelnen Events einteilen.

   e) Bis zum Ende des Geschäftsjahres muss der Niederlassungsleiter die Kundenzahl um 20 % erhöht haben.

f) Überweisungen bis zu einer Höhe von 300,00 € darf die Sekretä-rin ohne vorheriges Nachfragen selbst vornehmen.

g) Wer eingestellt wird, entscheidet der Personalchef selbst. Nur bei Einstellung der Chefsekretärin will der Geschäftsführer mit-entscheiden.

6 Personalentlohnung

6.1 Die verschiedenen Entgeltformen

Unter den Begriffen „Lohn", „Gehalt", „Entgelt" versteht man den Preis, den Arbeitgeber für die geleistete Arbeit ihrer Mitarbeiter bezahlen. Dabei wird der Begriff „Lohn" für die Bezahlung von Arbeitern, der Begriff „Gehalt" für die Bezahlung von Angestellten verwendet. Im Folgenden soll als übergeordneter Begriff die Bezeichnung „Entgelt" verwendet werden.

Die Entgelthöhe kann variieren, ausschlaggebend dafür sind unter-schiedliche Gründe. Ein Grund ist die Qualifikation eines Arbeitneh-mers. So erhält beispielsweise ein gelernter Facharbeiter mehr als ein Hilfsarbeiter. Das Entgelt kann aber auch von der jeweils erbrachten Leistung abhängen. So bekommt ein Staubsaugervertreter umso mehr Gehalt, je mehr Staubsauger er verkauft.

Arbeitgeber wollen die gezahlten Löhne möglichst niedrig halten, da diese ihren Gewinn schmälern. Arbeitnehmer möchten hingegen möglichst hohe Löhne. Die Höhe des Lohns kann für sie ein Anreiz und Motivation sein, Leistung im Unternehmen zu erbringen oder auch sich fortzubilden. Bekäme beispielsweise der Facharbeiter genauso viel Lohn wie der Hilfsarbeiter, würde er wohl gar nicht erst nach die-ser höheren Ausbildung streben. Und bekäme der Staubsaugervertre-ter immer den gleichen Lohn, egal wie viele Staubsauger er monatlich verkauft, würde er sich sicherlich nicht so sehr um Absatz bemühen.

Aus diesen Gründen gibt es verschiedene Entlohnungsformen, die sich wie folgt einteilen lassen.

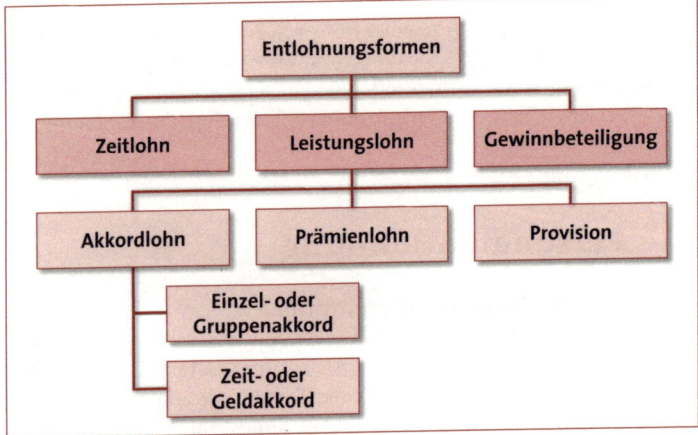

Abb. 6.1: Formen der Entlohnung

6.1.1 Zeitlohn

Beim Zeitlohn bestimmt die Arbeitszeit die Höhe des Arbeitsentgelts. Wird beispielsweise ein Stundenlohn vereinbart, ergibt sich daraus der Wochen- oder Monatslohn. Normalerweise ist der Zeitlohn umso höher, je wichtiger die Leistung für das Unternehmen ist.

Der Zeitlohn wird als Entlohnungsform gewählt, wenn
- die Arbeitsleistung nicht messbar ist (z.B. in der Verwaltung),
- der Arbeitnehmer die Arbeitsmenge nicht beeinflussen kann (z.B. am Fließband),
- die Qualität der Arbeit sehr wichtig für das Unternehmen ist.

Zeitlohn	
Vorteile	**Nachteile**
• Der Bruttoverdienst kann einfach berechnet werden. • Die Arbeit kann in angemessenem Arbeitstempo verrichtet werden. So werden Arbeitskräfte und Betriebsmittel geschont und die Unfallgefahr verringert sich.	• Er motiviert nicht zur Steigerung der Arbeitsleistung, denn gewissenhafte, gründliche Arbeit wird nicht automatisch besser entlohnt. • Der Betrieb muss Mengen- und Qualitätskontrollen durchführen, um Arbeitsleistung zu kontrollieren.

Minijobs und Midijobs werden ebenfalls nach Zeitlohn vergütet. Mini-jobs sind geringfügige Beschäftigungen mit einem Verdienst bis 400,00 €. Sie sind für Arbeitnehmer steuerfrei, allerdings zahlt der Arbeitgeber einen Pauschalbetrag von 30 % für Steuern und Sozialversicherung. Midijobs sind Beschäftigungen mit einem Verdienst zwischen 400,01 € und 800,00 €. Diese Verdienstspanne wird auch als Gleitzone bezeichnet. Dabei zahlen die Arbeitgeber den vollen Sozialversicherungsanteil, die Arbeitnehmer jedoch verminderte Sozialversicherungsbeiträge. Der somit verringerte Rentenanspruch kann erhöht werden, indem auch der Arbeitnehmer den vollen Sozialversicherungsbeitrag zahlt.

6.1.2 Akkordlohn

Der Akkordlohn ist die extreme Form des Leistungslohns. Bei ihm ist die Höhe des Arbeitsentgelts von der erbrachten Leistung abhängig. Allein die erbrachte Menge ist für den Akkordlohn entscheidend. Der Akkordlohn muss jedoch für die Arbeit geeignet sein. Infrage kommen nur Arbeitstätigkeiten, bei denen der Arbeitnehmer sein Arbeitstempo selbst bestimmen kann und bei denen sich die auszuführenden Arbeiten ständig wiederholen und das Arbeitsergebnis in Einheiten gemessen werden kann. Der Akkordlohn kann als Einzel- oder Gruppenakkord und als Zeit- oder Geldakkord auftreten.

Einzelakkord und Gruppenakkord

Beim Einzelakkord wird die Arbeitsleistung eines Mitarbeiters bewertet. Beim Gruppenakkord wird die Leistung im Team, durch eine Gruppe von Mitarbeitern, erbracht und der Akkordlohn unter diesen aufgeteilt. Der Akkordlohn kann entweder auf alle gleich verteilt werden oder er wird nach Altersstufen, Lohngruppen oder anhand eines vom Akkordführer festgelegten Leistungsfaktors festgelegt.

Bei der Akkordarbeit erhält der Arbeitnehmer wenigstens den tariflichen Mindestlohn, auch wenn er nur unterdurchschnittliche Leistungen erbringt. Dem Mindestlohn wird ein Akkordzuschlag hinzugerechnet, daraus ergibt sich der sog. Akkordrichtsatz.

Die Normalleistung richtet sich danach, wie schnell jemand die Arbeit verrichten kann, der dafür ausreichend geeignet und vollständig eingearbeitet ist.

Beispiel

Mindestlohn	11,00 €
+ 25 % Akkordzuschlag	2,75 €
Akkordrichtsatz	13,75 €

Geldakkord und Zeitakkord

Beim Akkordlohn gibt es zwei unterschiedliche Gestaltungsformen, den Geldakkord und den Zeitakkord.

Beim Geldakkord erhält der Arbeiter einen bestimmten Lohnsatz je verrichteter Leistungseinheit. Je mehr Leistungseinheiten er in einer bestimmten Zeit erledigt, umso mehr Geld bekommt er.

Beispiel

Svea Marin arbeitet Akkord in der Produktion eines Herstellers von Sportbekleidung. Sie schneidet Stoffe für verschiedene Kleidungsstücke zu. Je schneller sie arbeitet, umso mehr Zuschnitte schafft sie und umso mehr Geld verdient sie.

Für das Zuschneiden einer Hose erhält Svea Marin eine ungefähre Vorgabezeit von fünf Minuten. Ihre Normalleistung pro Stunde beträgt 14 Hosen, dafür erhält sie einen Stundenlohn von 16,00 €. Sie arbeitet täglich acht Stunden.

Dies ergibt einen Stückakkord von $\frac{\text{Akkordrichtsatz}}{\text{Normalleistung}}$ = 16,00 € / 14 St.

= 1,14 €/St.

Schafft Svea Marin die Normalleistung von 14 Hosen pro Stunde, so errechnet sich ein Tagesverdienst von:

Stückakkordsatz · Tagesleistung = Tagesverdienst

1,14 € · 14 St./h · 8 h = 127,68 €

Würde Svea Marin sehr schnell arbeiten und pro Stunde 18 Hosen zuschneiden, würde sich auch ihr Tagesverdienst erhöhen.

1,14 € · 18 St./h · 8 h = 164,16 €

Beim Zeitakkord ist genau vorgegeben, wie lange die Bearbeitung pro Stück dauern darf. Schafft es der Arbeitnehmer, die Bearbeitung schneller durchzuführen, so verdient er auch mehr.

Beispiel

Shirin Becker verpackt Sportschuhe bei einem Sportschuhhersteller. Pro Stunde sollen bei Normalleistung 360 Paar Schuhe verpackt werden. Wenn Shirin Becker dafür weniger Zeit benötigt, kann sie mehr Schuhe verpacken und verdient dadurch mehr Geld.

Der Akkordrichtsatz (Grundlohn + Akkordzuschlag) beträgt 14,00 € pro Stunde. Shirin Becker arbeitet täglich acht Stunden.

Zunächst wird der Zeitakkordsatz, also die Vorgabezeit je Stück, berechnet:

$$\text{Zeitakkordsatz} = \frac{60 \text{ Minuten}}{\text{Normalleistung}} = 60 \text{ min} / 360 \text{ St.} = 0{,}16 \text{ Minuten/Stück}$$

$$\text{Minutenfaktor} = \frac{\text{Akkordrichtsatz}}{60} = 14{,}00 € / 60 \text{ min} = 0{,}23 € \text{ pro Minute}$$

Schafft es Shirin Becker, pro Stunde 375 Paar Schuhe zu verpacken, so ergibt sich ein Tagesverdienst von:

Zeitakkordsatz · Minutenfaktor · Tagesleistung = Tagesverdienst

0,16 · 0,23 €/min · 375 St./h · 8 h = 110,40 €

Akkordlohn	
Vorteile	**Nachteile**

• Die Entlohnung ist leistungsgerecht.
• Fleißige Arbeitnehmer können mehr verdienen.
• Arbeitnehmer können die Löhne beeinflussen.
	• Ein hohes Arbeitstempo kann zu gesundheitlichen Problemen führen (z.B. Stress).
	• Bei einem schnellen Arbeitstempo passieren öfter Fehler.
	  – Der Ausschuss erhöht sich.
	  – Die Produktqualität muss verstärkt kontrolliert werden.
	  – Es entstehen höhere Kosten.

6.1.3 Prämienlohn

Der Prämienlohn ist eine Form des Leistungslohns, bei der zu einem festen Grundlohn eine zusätzliche Prämie für besondere Leistungen gezahlt wird. Der Grundlohn entspricht in der Höhe mindestens dem Tariflohn. Anders als beim Akkordlohn richtet sich die Prämie nicht nach der Schnelligkeit, in der bestimmte Stückzahlen produziert werden, sondern danach, ob bestimmte Leistungen überdurchschnittlich gut erbracht werden.

Es gibt verschiedene Gründe, warum Prämien an die Mitarbeiter gezahlt werden. Hier einige Beispiele:

- **Terminprämie**: Arbeitnehmer haben wichtige Fertigungstermine eingehalten.
- **Qualitätsprämie**: Die Mitarbeiter der Produktion arbeiten fehlerfrei.
- **Nutzungsprämie**: Die Mitarbeiter behandeln die Maschinen sorgsam, dadurch gibt es keine Nutzungsausfälle.
- **Vorschlagsprämie**: Die Mitarbeiter haben Verbesserungsvorschläge, die beispielsweise die Kosten im Unternehmen senken.
- **Ersparnisprämie**: Die Arbeitnehmer gehen sparsam mit Energie sowie Hilfs-, Betriebs- und Rohstoffen um.

6.1.4 Provision

Provisionen werden zusätzlich zu einem festen Grundgehalt gezahlt und auf der Basis verkaufter Einheiten bemessen. Der Arbeitnehmer erhält dabei eine prozentuale Beteiligung am Umsatz des Unternehmens. Die Provision kann sich beispielsweise nach dem Umsatz des Arbeitnehmers oder der von ihm verkauften Stückzahl richten. Denkbar sind auch andere Konditionen, beispielsweise dass ein Verkäufer eine Provision erhält, sobald er einen Ladenhüter verkauft hat. Oft werden Provisionen als Leistungsanreiz zur Produktivitätssteigerung im Unternehmen eingesetzt.

6.1.5 Gewinnbeteiligung

Während bei den vorher genannten Entgeltformen die Arbeitnehmer nach ihrer Arbeitsleistung entlohnt werden, werden sie bei der Gewinnbeteiligung am Gewinn des Unternehmens, also an den erwirtschafteten Überschüssen, beteiligt. Dadurch wird ihr normales Einkommen erhöht. Dies soll ein Anreiz für die Mitarbeiter sein, sich für die Wirtschaftlichkeit des Unternehmens einzusetzen. Außerdem wird so das Verhältnis zwischen Mitarbeitern und Geschäftsleitung verbessert. Deshalb gibt es immer mehr Betriebe, die ihre Mitarbeiter am Gewinn beteiligen.

Es gibt zwei Arten der Gewinnbeteiligung:

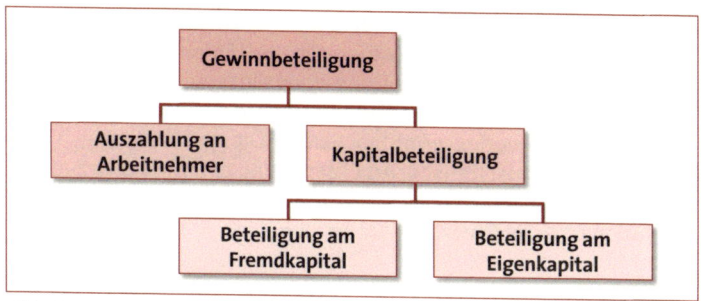

Abb. 6.2: Formen der Gewinnbeteiligung

Bei der Auszahlung an Arbeitnehmer werden die Gewinnanteile bar an den Arbeitnehmer ausgezahlt.

Bei der Kapitalbeteiligung werden die Gewinnanteile als Eigenkapital oder Fremdkapital im Unternehmen angelegt. Durch die Kapitalbeteiligung wird die Loyalität der Mitarbeiter und ihre Bindung an den Betrieb erhöht.

Formen der Kapitalbeteiligung	
Beteiligung am Eigenkapital	Beteiligung am Fremdkapital
Der Arbeitnehmer kann sich durch Belegschaftsaktien am Eigenkapital des Unternehmens beteiligen. Die Aktien werden oft zu einem Vorzugskurs auf den aktuellen Börsenkurs (Rabatt) an die Mitarbeiter verkauft.	Der Arbeitnehmer beteiligt sich am Fremdkapital des Unternehmens, indem er diesem mit seinen Gewinnanteilen ein Darlehen gewährt, für das er Zinsen oder auch eine Anlageprämie erhält.

6.2 Arbeitsbewertungsverfahren als Basis für gerechte Bezahlung

Eine leistungsgerechte Bezahlung, die auf objektiven Bewertungen beruht, wirkt sich positiv auf die Motivation der Mitarbeiter und damit auf die Steigerung der Unternehmensleistung aus. Anhand von Arbeitsbewertungsverfahren können die Anforderungen eines Arbeitsplatzes ermittelt werden, um danach die Höhe des Arbeitsentgelts zu berechnen. Die Arbeitsplatzbewertung kann als gute Grundlage für eine gerechte Bezahlung angesehen werden.

6.2.1 Arbeitsplatzbewertung durch Arbeitsplatzanalysen

Arbeitsplätze sollten menschengerecht und rationell gestaltet und das Arbeitsentgelt auf die Anforderungen eines Arbeitsplatzes abgestimmt sein. Dazu müssen jedoch die einzelnen Anforderungen des Arbeitsplatzes im Vorfeld ermittelt werden. Dies geschieht durch Analysen des Arbeitsplatzes (sog. Arbeitsstudien), deren Hauptträger der REFA Bundesverband e.V. (Verband für Arbeitsgestaltung, Betriebsorganisation und Unternehmensentwicklung) ist.

Arbeitsstudien werden unterteilt in Arbeitsablauf-, Arbeitszeit- und Arbeitswertstudien:

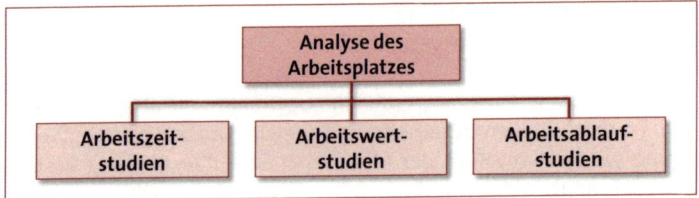

Abb. 6.3: Analyse des Arbeitsplatzes

Arbeitsablaufstudien
Arbeitsablaufstudien untersuchen die Arbeitsvorgänge in einem Unternehmen. Angestrebt wird eine ergonomische Gestaltung des Arbeitsplatzes, beispielsweise durch rückenschonende Bürostühle oder strahlungsarme Computer, sodass der Mitarbeiter ein an seine gesundheitlichen Bedürfnisse angepasstes Arbeitsumfeld hat. Zum anderen sollen die Arbeitszeiten für den einzelnen Arbeitsplatz optimiert werden, indem Arbeitsmethoden und -verfahren verbessert werden. Auch werden Arbeitsplätze, die miteinander verknüpft sind, zusammen untersucht, damit die Arbeitsteilung besser und zeitsparender geregelt werden kann.

Arbeitszeitstudien
Arbeitszeitstudien ermitteln die durchschnittlich erforderlichen Arbeitszeiten zur Durchführung bestimmter Arbeiten, indem diese beispielsweise anhand von Kameras gefilmt werden oder die Zeit mithilfe von Stoppuhren gemessen wird. Die gemessene Normalleistung ist die Leistung, die ein qualifizierter und eingearbeiteter Mitarbeiter

leisten kann, ohne sich dabei gesundheitlich zu schädigen. Durch die Arbeitszeitstudien können Leerphasen, in denen die Maschinen oder die Mitarbeiter nicht ausgelastet sind, erkannt und danach besser genutzt werden. Da die Zeiten für bestimmte Arbeiten genau erfasst werden, kann auf dieser Grundlage eine exakte Terminplanung erfolgen. Weiterhin dienen die Arbeitszeitstudien dazu, Richtwerte für die Entgeltzahlung festzulegen, beispielsweise bei einer Entlohnung durch den Zeitakkord.

Arbeitswertstudien

Arbeitswertstudien stellen die Schwierigkeitsgrade und Anforderungen verschiedener Arbeiten fest, beispielsweise innerhalb eines Betriebs oder auch innerhalb eines ganzen Industriezweiges. Die Arbeitswerte hängen von der Art der Anforderung und deren Dauer ab. Auf dieser Grundlage kann das Arbeitsentgelt anforderungsabhängig differenziert werden. Beispielhaft werden im Folgenden die Vergleichsverfahren nach Rangfolge und nach Rangreihen näher betrachtet.

6.2.2 Arbeitsplatzbewertung durch Vergleichsverfahren

Bei den Vergleichsverfahren werden verschiedene Arbeitsplätze hinsichtlich ihrer Anforderungen in einem Unternehmen in Relation gesetzt und danach in eine bestimmte Rangfolge gebracht. Im Unterschied zu den Arbeitsplatzanalysen im vorigen Kapitel werden hier die Arbeitsaufgaben als Ganzes bewertet. Entsprechend der Reihenfolge, die sich aus den verschiedenen Verfahren ergibt, kann dann die Eingruppierung in die Entgeltstufen eines Unternehmens erfolgen.

Das Rangfolgeverfahren

Das Rangfolgeverfahren gehört zu den sog. summarischen Verfahren der Arbeitsbewertung. In dem Verfahren werden die Anforderungen verschiedener Stellen paarweise miteinander verglichen und mit Punkten bewertet. Anschließend wird eine Rangfolge nach dem geschätzten Schwierigkeitsgrad der zu leistenden Arbeit gebildet. Den höchsten Rang hat die Stelle, die die meisten Punkte erhält. Aufgrund der gebildeten Reihenfolge kann dann die Entgelteingruppierung vorgenommen werden.

Der Vorteil des Rangfolgeverfahrens ist seine einfache Durchführbarkeit. Fraglich ist jedoch, ob das Verfahren objektiv genug ist, die tatsächlichen Anforderungen der einzelnen Arbeiten exakt zu erfassen.

Beispiel

Stelle		Vergleichsstelle					
		1	2	3	4	5	Rangfolge
Produktionshelfer	1		+	–	–	–	4
Pförtner	2	–		–	–	–	5
Abteilungsleiter	3	+	+		+	–	2
Chefsekretärin	4	+	+	–		–	3
Geschäftsführer	5	+	+	+	+		1

Erläuterung zur Tabelle: + = 1 Punkt, – = 0 Punkte.

Die Stelle mit der höchsten Punktzahl erhält den ersten Rang etc.

In diesem Beispiel wird dem Geschäftsführer der höchste Schwierigkeitsgrad für seine Arbeitsleistung zugewiesen. Ihm folgen der Abteilungsleiter, die Chefsekretärin, der Produktionshelfer und der Pförtner.

Das Rangreihenverfahren

Beim Rangreihenverfahren, das zu den sog. analytischen Verfahren der Arbeitsbewertung gehört, werden die Arbeitsaufgaben einer Stelle untergliedert und deren Anforderungen (z.B. Kenntnisse und Geschicklichkeit, Verantwortung, äußere Einflüsse durch Schmutz oder Lärm) getrennt bewertet. Die Arbeitsaufgabe wird dabei nicht in ihrer Ganzheit, sondern in detaillierter Form in Bezug auf die einzelnen Anforderungen des Arbeitsplatzes betrachtet. Auch hier wird der Arbeitnehmer nicht persönlich bewertet, sondern lediglich die Anforderungen seines Arbeitsplatzes.

Zunächst müssen die Anforderungen einer Stelle anhand der Tätigkeitsbeschreibung ermittelt werden, die nicht zu verwechseln ist mit der innerbetrieblichen Stellenbeschreibung. Eine Tätigkeitsbeschreibung listet die für einen Arbeitsplatz notwendigen Fachkenntnisse und Fähigkeiten auf. Danach wird bewertet, wie stark die Ausprägungen der einzelnen Anforderungsarten sind.

Die zu bewertende Arbeit wird in der Regel anhand von vier Kriterienarten bewertet, die im sog. Genfer Schema festgelegt sind, das auf der internationalen Konferenz für Arbeitsbewertung in Genf im Jahr 1950 entwickelt wurde. Diese Kriterienarten werden in einzelne Anforderungsarten unterteilt. Für jede Anforderungsart wird eine Höchstpunktzahl festgelegt, welche die bewertete Arbeit erreichen kann. Die Höchstpunktzahlen geben den Schwierigkeitsgrad und somit den Arbeitswert der einzelnen Anforderungen an. Der Arbeitswert und somit auch die Entlohnung einer Stelle sind umso höher, je näher die vergebene Punktzahl an die Höchstpunktzahl heranreicht. Die bewerteten Stellen werden aufgrund der erreichten Punktzahlen in verschiedene Arbeitswertgruppen eingeteilt, die unterschiedlich entlohnt werden.

Arbeitsbewertung		
Kriterienart nach Genfer Schema	**Anforderungsart**	**genaue Beschreibung**
Können	● Kenntnisse ● Geschicklichkeit	● Ausbildung, Berufserfahrung, Denkfähigkeit ● Handfertigkeit
Belastung	● geistige Belastung ● körperliche Belastung	● Denktätigkeit, Aufmerksamkeit ● Muskelanstrengung
Verantwortung	● Verantwortung	● für Werkstücke und Betriebsmittel ● für die Arbeitsqualität ● für die Gesundheit anderer
Arbeitsumgebung	● Umwelteinflüsse	● Temperaturbeeinflussung ● Öl, Fett, Schmutz, Staub ● Gase, Dämpfe, Erschütterung ● Unfallgefährdung ● Lärm, Blendung ● Lichtmangel ● Erkältungsgefahr

Für den Arbeitsplatz eines Sachbearbeiters im Chefsekretariat der Brügge-
mann KG wird eine dreijährige Ausbildung zur Kauffrau / zum Kaufmann
für Bürokommunikation sowie eine mindestens zweijährige Berufserfahrung im Sekretariatsbereich vorausgesetzt. Geschicklichkeit ist wichtig im
Umgang mit dem Computer. Die Verantwortung für die Arbeitsgüte ist
sehr hoch, da die ganze Terminplanung der Geschäftsleitung von dieser
Stelle abhängt. Eine geistige Beanspruchung besteht vor allem in den
umfassenden organisatorischen Arbeiten. Eine körperliche Beanspruchung gibt es außer der ständigen Sitzhaltung nicht. Die Umgebung der
Arbeitsstelle weist keinerlei Gesundheitsgefährdung auf.

Arbeitsbewertung Arbeitsplatz Sachbearbeiter/-in im Chefsekretariat		
Anforderungen	**Höchst-punktzahl**	**Istpunktzahl**
Kenntnisse	8	8
Geschicklichkeit	4	2
Verantwortung		
für Werkstücke und Betriebsmittel	4	4
für die Gesundheit anderer	3	–
für die Arbeitsqualität	4	4
geistige Belastung	6	6
körperliche Belastung	5	2
Umwelteinflüsse		
durch Temperatur	1	–
durch Öl, Fett, Schmutz, Staub	2	–
durch Gase, Dämpfe, Erschütterung	2	–
durch Unfallgefahr	2	–
durch Lärm, Blendung	1	–
durch Lichtmangel	1	–
Erkältungsgefahr	1	–
Summe	44	26
Arbeitswertgruppe		V

Am Arbeitsplatz einer Sachbearbeiterin im Chefsekretariat werden 26 von
möglichen 44 Punkten erreicht. Der Arbeitsplatz wird daraufhin in eine
Arbeitswertgruppe mit mittlerem Anforderungsgrad eingeteilt.

6.3 Die Lohn- und Gehaltsabrechnung

Am Ende des Monats erhält jeder Arbeitnehmer, der in einem geregelten Arbeitsverhältnis steht, eine Lohn- oder Gehaltsabrechnung. Darauf finden sich das Bruttoentgelt des Arbeitnehmers, die abgezogene Lohnsteuer, Sozialversicherung, Solidaritätszuschlag und Kirchensteuer sowie an letzter Stelle der Auszahlungsbetrag, also das Nettoentgelt minus etwaiger sonstiger Abzüge (z.B. für Kantinenessen, Personalkäufe).

6.3.1 Die Lohnsteuer

In der Lohn- bzw. Gehaltsabrechnung steht der Bruttolohn bzw. das Bruttogehalt an oberster Stelle. Daraus werden zunächst die Lohnsteuer, der Solidaritätszuschlag sowie die Kirchensteuer ermittelt. Die Lohnsteuer ist eine Form der Einkommenssteuer, die Einkünfte aus nicht selbstständiger Arbeit besteuert. Wie viel Lohnsteuer monatlich bezahlt werden muss, hängt vom Bruttoentgelt des Arbeitnehmers ab. Die Höhe der Lohnsteuer ist abhängig vom Familienstand (verheiratet oder ledig), der Anzahl der Kinder und von bestimmten Freibeträgen. Die Lohnsteuer wird nicht vom Arbeitnehmer monatlich selbst bezahlt, sondern der Arbeitgeber behält sie zusammen mit der Kirchensteuer und dem Solidaritätszuschlag ein und führt sie bis zum 10. des Folgemonats an das Finanzamt ab.

Lohnsteuer müssen alle Arbeitnehmer, also Arbeiter, Angestellte und Beamte, bezahlen. Diese sog. Lohnsteuerpflichtigen werden in Steuerklassen eingeteilt, die für die Höhe der Lohnsteuer entscheidend sind. Die Einteilung in die Steuerklassen I bis VI erfolgt danach, ob der Arbeitnehmer verheiratet ist und Kinder hat:

Steuerklassen	
I	Hierunter fallen Arbeitnehmer, die ledig oder geschieden sind. Auch wenn die Arbeitnehmerin oder der Arbeitnehmer verheiratet ist und der Ehegatte oder die Ehegattin im Ausland oder dauernd getrennt lebt, bekommen beide diese Steuerklasse. Wenn die Ehegattin oder der Ehegatte im vorletzten Jahr verstorben ist, erhält der Arbeitnehmer oder die Arbeitnehmerin ebenfalls die Steuerklasse I.
II	Arbeitnehmer werden in die Steuerklasse II eingeteilt, wenn sie ledig, verwitwet oder geschieden sind und mit mindestens einem minderjährigen Kind in einer gemeinsamen Wohnung wohnen.

III	In dieser Klasse sind alle Arbeitnehmer, die verheiratet sind und von denen ein Ehegatte entweder keinen Arbeitslohn bezieht oder freiwillig der Steuerklasse V angehört.
IV	Arbeitnehmer sind in der Steuerklasse IV, wenn sie verheiratet sind und beide Ehegatten Arbeitslohn beziehen.
V	Die Steuerklasse V wird bei verheirateten Eheleuten einem Ehegatten auf Antrag gewährt, damit der andere Ehegatte der Steuerklasse III zugeordnet werden kann.
VI	In die Steuerklasse VI werden die Arbeitnehmer eingeteilt, die aus mehr als einem Arbeitsverhältnis Arbeitslohn beziehen.

Die Höhe der Lohn- und Kirchensteuer sowie des Solidaritätszuschlages wurde vor 2004 noch anhand von Lohnsteuertabellen bestimmt. Seit 2004 dient hierzu der gesetzlich vorgeschriebene stufenlose Formeltarif. Das Bundesfinanzministerium bietet beispielsweise einen interaktiven Abgabenrechner an, mit dem die individuelle Lohnsteuer ermittelt werden kann (www.abgabenrechner.de).

Beispiel

Simone Frei ist 24 Jahre alt und Bürokauffrau. Sie verdient brutto 1.796,00 € im Monat. Simone Frei ist ledig und hat keine Kinder, deshalb gehört sie der Lohnsteuerklasse I an. Die Lohnsteuer, die von ihrem Bruttogehalt abgezogen wird, beträgt aktuell laut Abgabenrechner 174,08 €. Wäre Simone Frei beispielsweise verheiratet und ihr Mann würde nicht arbeiten, wäre sie in der Lohnsteuerklasse III. Sie würde dann nur 12,66 € Lohnsteuer bezahlen.

6.3.2 Die Kirchensteuer

Alle Kirchenmitglieder müssen Kirchensteuern entrichten. Sie werden nur für den Zeitraum erhoben, in dem ein Mitglied über ein Mindesteinkommen verfügt und somit finanziell abgesichert ist. Kinder, Jugendliche oder Studenten, Rentner, Arbeitslose, Hausfrauen oder Sozialhilfeempfänger zahlen als Kirchenmitglieder im Normalfall keine Kirchensteuern. Die Kirchensteuer wird vom Staat eingezogen, diese Einnahmen stehen jedoch den Kirchen zu. Die Kirchensteuer wird im Allgemeinen bei der Veranlagung zur Einkommensteuer von den Finanzämtern festgesetzt und erhoben. Der Arbeitgeber berechnet die Kirchensteuer nach dem am Wohnsitz des Arbeitnehmers geltenden Steuersatz und führt sie zusammen mit der Lohnsteuer an das Finanzamt ab. Die Kirchensteuer beträgt derzeit je nach Bundesland 8 % bzw. 9 % von der zu bezahlenden Lohnsteuer und kann mithilfe des Abgabenrechners errechnet werden.

6.3.3 Der Solidaritätszuschlag

Zur Finanzierung der deutschen Einheit wird seit dem 1. Januar 1995 ein Zuschlag zur Lohn-, Einkommens- und Körperschaftssteuer von allen Steuerpflichtigen auf der Grundlage ihres Einkommens erhoben. Der Solidaritätszuschlag beträgt derzeit 5,5 % der ermittelten Lohnsteuer, der sich durch Kinderfreibeträge vermindert!

6.3.4 Die Berechnung der Sozialversicherungsbeiträge

Vom Bruttolohn bzw. -gehalt werden neben der Lohnsteuer auch Sozialversicherungsbeiträge abgezogen. Diese setzen sich zusammen aus Beiträgen für die Rentenversicherung, die Arbeitslosenversicherung, die Krankenversicherung und die Pflegeversicherung. Die Beiträge errechnen sich jeweils prozentual vom Bruttolohn bzw. -gehalt. Da der Arbeitgeber etwa die Hälfte des jeweiligen Sozialversicherungsbeitrages für den Arbeitnehmer bezahlt, wird auf der Gehaltsabrechnung nur der Betrag ausgewiesen, den der Arbeitnehmer zu tragen hat. Zuständig für den Einzug der Sozialversicherungsbeiträge sind die Krankenkassen. Die Beiträge, die der Arbeitgeber zu zahlen hat, werden nicht auf der Gehaltsabrechnung ausgewiesen.

Sozialversicherungspflichtig sind alle Menschen, die in einem Beschäftigungsverhältnis stehen. Von der Sozialversicherungspflicht befreit sind Menschen, die nur geringfügig beschäftigt sind und nicht mehr als 400,00 € pro Monat verdienen (Minijob) sowie beispielsweise Beamte, Richter oder Soldaten.

Gesetzliche Krankenversicherung

Der größte Teil der Bevölkerung ist gesetzlich krankenversichert. Für Arbeitnehmer (Arbeiter und Angestellte) gilt eine Pflichtmitgliedschaft in der gesetzlichen Krankenversicherung, wenn das Einkommen eine bestimmte Höchstgrenze pro Jahr nicht übersteigt. Diese Versicherungspflichtgrenze wird normalerweise fast jährlich angepasst und ändert sich demnach leicht. Übersteigt das Einkommen diese Höchstgrenze, kann der Arbeitnehmer aus der gesetzlichen Krankenversicherung aussteigen. Er ist dann freiwillig versichert und kann in eine private Krankenversicherung wechseln.

Arbeitslosenversicherung

Alle Arbeiter und Angestellten (auch in Midijobs), Auszubildenden sowie Wehr- und Zivildienstleistenden sind in der Arbeitslosenversicherung pflichtversichert. Nicht versichert sind Selbstständige, Beamte, geringfügig Beschäftigte (Minijobs bis 400,00 €) und Arbeitnehmer ab 65 Jahren.

Die Beiträge werden je zur Hälfte vom Arbeitnehmer und vom Arbeitgeber gezahlt. Die Höhe des Beitrages richtet sich nach dem Verdienst, wird aber durch die Beitragsbemessungsgrenze eingeschränkt. Bei niedrigem Gehalt (Midijobs oder Auszubildende) trägt der Arbeitgeber den Beitrag alleine.

Gesetzliche Rentenversicherung

In der gesetzlichen Rentenversicherung sind Auszubildende, Arbeiter, Angestellte, Wehr- und Zivildienstleistende sowie bestimmte Kreise von selbstständigen Unternehmern (z.B. selbstständige Handwerker) pflichtversichert. Angehörige der freien Berufe (wie Anwälte und Ärzte) können sich freiwillig in der gesetzlichen Rentenversicherung versichern. Empfänger von Arbeitslosengeld I sind ebenfalls in der gesetzlichen Rentenversicherung pflichtversichert. Der Arbeitgeber ist verpflichtet, einen neuen Mitarbeiter innerhalb von zwei Wochen nach dessen Arbeitsantritt über die gesetzliche Krankenkasse beim Rentenversicherungsträger anzumelden.

Der monatliche Rentenbeitrag, den der Arbeitgeber und der Arbeitnehmer jeweils zur Hälfte tragen, wird nach der jeweiligen Lohn- bzw. Gehaltshöhe des Arbeitnehmers bemessen. Auch hier gibt es eine Beitragsbemessungsgrenze. Wenn das Einkommen eine bestimmte Höhe übersteigt, wird der Rentenversicherungsbeitrag nicht mehr prozentual berechnet, sondern es muss ein Festbetrag entrichtet werden.

Gesetzliche Unfallversicherung

In der gesetzlichen Unfallversicherung sind folgende Personen versichert:

- alle Arbeitnehmer und manche Selbstständige auf dem direkten Hinweg zur Arbeit und auf dem Rückweg sowie während der Arbeitszeit;

- Kinder, Schüler, Studenten auf dem direkten Hin- und Rückweg vom Kindergarten, der Schule oder Universität sowie während des Besuchs dieser Einrichtungen;
- Lebensretter während der Hilfeleistung.

Die Beiträge zur gesetzlichen Unfallversicherung werden ausschließlich von den Arbeitgebern gezahlt. Sie richten sich zum einen danach, wie hoch die Wahrscheinlichkeit von Unfällen in einem Betrieb ist. Ein Chemieunternehmen, in dem ständig mit teils gefährlichen Chemikalien gearbeitet wird, hat beispielsweise eine höhere Unfallgefährdung als ein Reisebüro. Zum anderen richtet sich die Höhe der Beiträge nach dem Verdienst des Arbeitnehmers und nach der Schwere, der Anzahl und den Kosten der Unfälle in einem Betrieb. Im gewerblichen Bereich sind die Berufsgenossenschaften Träger der gesetzlichen Unfallversicherung.

Gesetzliche Pflegeversicherung
Die Pflegeversicherung soll die Versorgung Pflegebedürftiger sicherstellen. Jeder, der in der gesetzlichen Krankenkasse pflichtversichert ist, ist auch in der Pflegeversicherung versicherungspflichtig und wird ohne Antrag mitversichert. Automatisch mitversichert sind Kinder und nicht berufstätige Ehepartner. Ist man freiwillig in einer gesetzlichen Krankenkasse versichert, kann man zwischen einer sozialen, d. h. gesetzlichen, und einer privaten Pflegeversicherung wählen. Um eine private Pflegeversicherung abzuschließen, muss man bei der gesetzlichen Krankenkasse einen Antrag stellen. Wenn jemand privat krankenversichert ist, muss er eine private Pflegeversicherung abschließen.

Die Beiträge für die Pflegekasse teilen sich Arbeitnehmer und Arbeitgeber. Beim aktuellen Beitragssatz von 1,95 % zahlen beide Seiten je 0,975 % des Bruttolohnes des Angestellten. Seit dem 1. Januar 2005 gilt in der Pflegeversicherung ein Beitragszuschlag für Kinderlose. Sie müssen auf die 0,975 % einen Zuschlag von 0,25 % bezahlen, ihr Beitrag steigt damit auf 1,225 %. Der Arbeitgeberanteil bleibt jedoch bei den 0,975 %. Diese Regelung gilt für kinderlose Beitragszahler, die über 23 Jahre alt sind und nach dem 31. Dezember 1939 geboren wurden. Befreit davon sind Versicherte mit Kindern, Wehr- und Zivildienstleistende sowie Empfänger des Arbeitslosengeldes II.

Beispiel

Sandro Ciccone ist 36 Jahre alt und hat keine Kinder. Er verdient brutto monatlich 2.800,00 €. Sein Beitrag zur gesetzlichen Pflegeversicherung beträgt:

(2.800,00 € · 1,225) / 100 = 34,30 €

Sein Arbeitgeber bezahlt:
(2.800,00 € · 0,975) / 100 = 27,30 €

Beitragssätze für die Sozialversicherung

Grundsätzlich gilt, dass die Beiträge für die Kranken-, Renten-, Arbeitslosen- und Pflegeversicherung vom Arbeitgeber und vom Arbeitnehmer ungefähr je zur Hälfte zu tragen sind. Die Unfallversicherung wird komplett vom Arbeitgeber übernommen.

Beitragssätze in der Sozialversicherung		
Krankenversicherung	ca. 15,5 %	Arbeitnehmer 8,2 % (einschließlich 0,9 % Mehrzahlung für Zahnersatz und Krankengeld), Arbeitgeber 7,3 %
Rentenversicherung	19,90 %	Arbeitnehmer 9,95 %, Arbeitgeber 9,95 %
Arbeitslosenversicherung	3,00 %	Arbeitnehmer 1,5 %, Arbeitgeber 1,5 %
Pflegeversicherung	1,95 % (2,2 %)	Arbeitnehmer 0,975 % (Kinderlose ab 23 Jahren zzgl. 0,25 %), Arbeitgeber 0,975 %

Beispiel

Bürokauffrau Tina Müller (geboren am 15. März 1981) arbeitet bei einer Restaurantkette in Rheinland-Pfalz. Sie hat keine Kinder und verdient brutto monatlich 1.800,00 €. Davon werden die Lohnsteuer und die Sozialversicherungsbeiträge abgezogen. Rund die Hälfte der Sozialversicherungsbeiträge trägt ihr Arbeitgeber. Auf der Gehaltsabrechnung ist jedoch nur ihr Anteil ausgewiesen.

Gehaltsabrechnung Tina Müller			
	Bruttogehalt	1.800,00 €	
	Lohnsteuer	175,00 €	
	Solidaritätszuschlag	9,62 €	
	Kirchensteuer	15,75 €	(9 % für Rheinland-Pfalz)
Sozialversiche-rungsbeiträge	**Arbeitnehmer-anteil**	**Arbeitgeberanteil**	**Beitrags-sätze insgesamt**
Kranken-versicherung	147,60 € (8,2 % vom Bruttogehalt*)	131,40 € (7,3 % vom Bruttogehalt)	15,5 %
Pflege-versicherung	22,05 € (1,225 % vom Bruttogehalt**)	17,55 € (0,975 % vom Bruttogehalt)	2,20 %
Renten-versicherung	179,10 € (9,95 % vom Bruttogehalt)	179,10 € (9,95 % vom Bruttogehalt)	19,9 %
Arbeitslosen-versicherung	27,00 € (1,5 % vom Bruttogehalt)	27,00 € (1,5 % vom Bruttogehalt)	3,0 %
Nettogehalt	**1.223,88 €**		

* einschließlich 0,9 % Mehrzahlung für Zahnersatz und Krankengeld
** einschließlich 0,25 % Mehrzahlung für kinderlose Arbeitnehmer

6.3.5 Die Beitragsbemessungsgrenzen

Ab einer bestimmten Höhe des Bruttoeinkommens werden die Sozial-versicherungsbeiträge nicht mehr prozentual berechnet, sondern nur noch bis zu einem bestimmten Höchstbetrag. Dieser Höchstbetrag wird Beitragsbemessungsgrenze genannt. Das darüber liegende Ein-kommen wird nicht in die Beitragsberechnung einbezogen. Die Bei-tragsbemessungsgrenzen werden jährlich neu festgelegt.

Beitragsbemessungsgrenzen in der Sozialversicherung Stand: 2011	Westdeutschland	Ostdeutschland
Gesetzliche Kranken- und Pflegeversicherung	3.712,50 €	3.712,50 €
Gesetzliche Renten- und Arbeitslosenversicherung	5.500,00 €	4.800,00 €

Beispiel

Der kinderlose Fritz Berg, geboren 1966, ist Marketingleiter bei einem Maschinenbauunternehmen im rheinland-pfälzischen Mainz. Er verdient monatlich 5.900,00 € brutto. Er hat zwei Kinder, ist verheiratet und in der Steuerklasse III.

Gehaltsabrechnung Fritz Berg			
	Bruttogehalt	5.900,00 €	
	Lohnsteuer	1.017,16 €	
	Solidaritätszuschlag	32,28 €*	
	Kirchensteuer	91,54 €	(9 % für Rheinland-Pfalz)
Sozialversiche- rungsbeiträge	**Arbeitnehmeranteil**		
Kranken- versicherung	304,43 € (8,2 % von 3.712,50 € Beitragsbemessungsgrenze**)		
Pflege- versicherung	36,20 € (0,975 % von 3.712,50 € Beitragsbemessungsgrenze)		
Renten- versicherung	547,25 € (9,95 % von 5.500,00 € Beitragsbemessungsgrenze)		
Arbeitslosen- versicherung	82,50 € (1,5 % von 5.500,00 € Beitragsbemessungsgrenze)		
Nettogehalt	3.788,64 €		

* Bei der Berechnung des Solidaritätszuschlages werden auch die Kinderfreibeträge berücksichtigt. Zur Berechnung verwenden Sie am einfachsten den Abgabenrechner unter www.abgabenrechner.de.

** einschließlich 0,9 % Mehrzahlung für Zahnersatz und Krankengeld

Aufgaben zur Selbstkontrolle

1. Welche Vor- und Nachteile hat der Zeitlohn?
2. Welche Gestaltungsformen des Akkordlohns können unterschieden werden? Erläutern Sie die Arten.
3. Nennen Sie Vor- und Nachteile des Akkordlohns.
4. Welche Prämienarten gibt es?
5. Welche Versicherungen gehören zur Sozialversicherung?
6. Zu welchem Zweck werden Arbeitsstudien durchgeführt und welche gibt es?
7. Lesen Sie den folgenden Paragrafen aus dem Jugendarbeitsschutzgesetz (JArbSchG). Finden Sie Gründe, warum der Gesetzgeber dieses Gesetz erlassen haben könnte.

§ 23 JArbSchG

Akkordarbeit, tempoabhängige Arbeiten

(1) Jugendliche dürfen nicht beschäftigt werden
1. mit Akkordarbeit und sonstigen Arbeiten, bei denen durch ein gesteigertes Arbeitstempo ein höheres Entgelt erzielt werden kann,
2. in einer Arbeitsgruppe mit erwachsenen Arbeitnehmern, die mit Arbeiten nach Nummer 1 beschäftigt werden,
3. mit Arbeiten, bei denen ihr Arbeitstempo nicht nur gelegentlich vorgeschrieben, vorgegeben oder auf andere Weise erzwungen wird. (...)

8. Entscheiden Sie bei den folgenden Berufen, welche der Entlohnungsformen (Zeit-, Akkord- oder Prämienlohn) am besten geeignet ist (Mehrfachnennungen möglich):
   a) Thekenkraft im Fitnessstudio
   b) Bürokauffrau in der Verwaltung eines Call-Centers
   c) Verkäufer in einem Autosalon
   d) Monteur in der Fahrradproduktion
   e) Arbeiter in der Sportschuhproduktion (Annähen von Sohlen, keine Fließbandarbeit)

9. Der 53-jährige Freddy Freimann ist Geschäftsführer eines großen
   Wellness-Zentrums in Nordrhein-Westfalen. Er ist ledig und hat
   keine Kinder. Monatlich verdient er 5.700,00 € brutto. Freimann
   geht jeden Mittag in die Kantine (zwanzig Mal im Monat) und isst
   dort für 5,00 €.
   a) Welcher Lohnsteuerklasse gehört Freddy Freimann an?
   b) Erstellen Sie anhand des Abgabenrechners und mithilfe des
      Taschenrechners eine Gehaltsabrechnung für Freimann und
      ermitteln Sie den Auszahlungsbetrag.

7   Personalbeurteilung

Personal sollte regelmäßig beurteilt werden, um eine Grundlage für
Entscheidungen bzgl. Gehaltshöhe, Beförderung, Versetzung und Entlassung von Mitarbeitern zu haben. Die Beurteilung wird im Regelfall
von dem jeweiligen Vorgesetzten vorgenommen. Deswegen kann
neben der Leistung natürlich auch immer das Verhalten des Mitarbeiters gegenüber seinem Vorgesetzten in die Beurteilung miteinfließen,
auch wenn dies unbewusst geschieht. Wenn ein Mitarbeiter eine gute
Beurteilung erhält, wirkt sich dies fast immer positiv auf seine Motivation und Arbeitsleistung aus.

7.1   Beurteilungsformen

Für die Leistungsbeurteilung gibt es verschiedene Verfahren, die
untereinander kombiniert werden können. Sie messen entweder das
Arbeitsergebnis, das Arbeitsverhalten oder die Führungseigenschaf-
ten. Alle Personalbeurteilungen sollten nach festgelegten Kriterien
und Maßstäben durchgeführt werden, damit eine möglichst große
Objektivität und Vergleichbarkeit gewährleistet ist.

Mitarbeiter und Unternehmen verfolgen mit der Leistungsbeurteilung folgende Ziele und Interessen:

Leistungsbeurteilung	
Ziele des Unternehmens	**Ziele des Mitarbeiters**
● Motivation schaffen ● Mitarbeitereinsatz optimal gestalten ● Zulagen nach Leistung bemessen ● Potenzial der Mitarbeiter ermitteln	● Feedback erhalten ● der Leistung entsprechende Löhne erhalten ● sich gegen Willkür von Vorgesetzten schützen

In den meisten größeren Unternehmen werden Mitarbeiter jährlich und Auszubildende vierteljährlich beurteilt. Zusätzliche Beurteilungen finden am Ende der Probezeit, vor Versetzungen, Beförderungen und Gehaltserhöhungen oder beim Ausscheiden von Mitarbeitern statt.

Bei der Personalbeurteilung kann zwischen der summarischen und der analytischen Beurteilung unterschieden werden.

Erstere wird vor allem in kleinen und mittleren Betrieben durchgeführt. Man unterscheidet hier nicht zwischen einzelnen Beurteilungskriterien und bewertet diese, sondern stützt sich auf den Gesamteindruck vom Mitarbeiter. Diese Einschätzung kann natürlich sehr ungenau sein und zu falschen Schlüssen führen.

Bei der analytischen Beurteilung, die vor allem in großen Betrieben durchgeführt wird, werden im Vorfeld bestimmte Beurteilungskriterien festgelegt, die in das Gesamturteil miteinfließen, z.B. wie der Mitarbeiter seine Aufgaben erfüllt (Qualität und Quantität der Arbeit, Sorgfalt, persönlicher Einsatz), welche Fachkenntnisse er hat, wie kreativ er ist, inwieweit er zu Fortbildungen bereit ist und wie er sich gegenüber Vorgesetzten und Kollegen verhält.

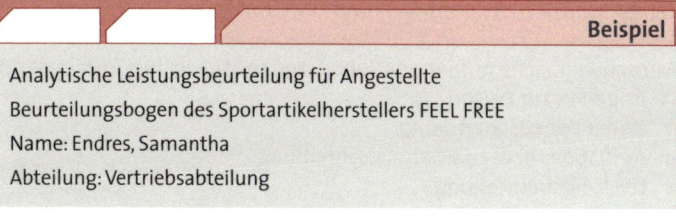

Beispiel

Analytische Leistungsbeurteilung für Angestellte

Beurteilungsbogen des Sportartikelherstellers FEEL FREE

Name: Endres, Samantha

Abteilung: Vertriebsabteilung

Beurteilungs-merkmale	Gewich-tung	1 entspricht selten der Er-wartung	2 entspricht im Allge-meinen der Erwar-tung	3 entspricht voll der Erwar-tung	4 liegt über der Erwar-tung	5 liegt weit über der Erwar-tung
Anwendung von Kenntnis-sen	1			X		
Arbeitseinsatz	1				X	
Arbeits-qualität	2			X		
Arbeits-quantität	2				X	
Zusammen-arbeit	1			X		
Summe der Punkte	24 (max. 35 Punkte möglich)					
Datum: Beurteiler:	02. Februar 2010 Thomas Maier (Personalleiter)					
Datum: Abteilungs-leiter:	02. Februar 2010 Sylvia Bernmann					

7.2   Das Arbeitszeugnis

Jeder Arbeitnehmer hat ein Recht auf ein qualifiziertes Zeugnis, sei es ein Zwischen- oder Endzeugnis. Dies ist im Bürgerlichen Gesetzbuch festgelegt (§ 630 BGB). Das Arbeitszeugnis sollte auf einen DIN-A4-Firmenbogen gedruckt und nicht geknickt werden. Verboten sind Geheimzeichen, Streichungen und Einfügungen.

Der schematische Aufbau von Arbeitszeugnissen ist fast immer gleich:
● Angaben zur Person
● Dauer der Beschäftigung
● Aufgaben- bzw. Laufbahnbeschreibung
● Leistungsbeurteilung
● Führungsbeurteilung

- Sozialverhalten
- Austrittsgrund und Schlussformel

Jeder Mitarbeiter hat das Recht auf ein wohlwollendes und wahr-
heitsgemäßes Arbeitszeugnis, daher hat sich die sog. Zeugnissprache
entwickelt. Negative Aussagen können dabei durch positive Redewen-
dungen dargestellt werden. Trotz allem sollte man sich durch die positive Zeugnissprache nicht blenden lassen, denn Arbeitgeber wissen
normalerweise Bescheid, wie sie die Sätze zu entschlüsseln haben.

Zeugnissprache	
Beurteilung der Führungskompetenz	
Sehr gute Beurteilung	Er motivierte die ihm unterstellten Mitarbeiter durch seine fach- und personenbezogene Führung stets zu sehr guten Leistungen.
Gute Beurteilung	Er motivierte die ihm unterstellten Mitarbeiter durch seine fach- und personenbezogene Führung stets zu guten Leistungen.
Befriedigende Beurteilung	Er motivierte die ihm unterstellten Mitarbeiter durch seine fach- und personenbezogene Führung zu guten Leistungen.
Ausreichende Beurteilung	Er motivierte die ihm unterstellten Mitarbeiter zu zufrie-denstellenden Leistungen.
Mangelhafte Beurteilung	Er motivierte die ihm unterstellten Mitarbeiter insgesamt zu zufriedenstellenden Leistungen.
Zusammenfassende Leistungsbeurteilung	
Sehr gute Leistungen	• Er hat die ihm übertragenen Arbeiten stets zu unserer vollsten Zufriedenheit erledigt. • Wir waren mit seinen Leistungen außerordentlich zufrieden. • Seine Leistungen waren stets sehr gut.
Gute Leistungen	• Er hat die ihm übertragenen Arbeiten stets zu unserer vollen Zufriedenheit erledigt. • Wir waren mit seinen Leistungen voll und ganz zufrieden. • Seine Leistungen waren gut.

Beispiel
Fitnessstudio BE FIT
Binnenstr. 7
20095 Hamburg

Arbeitszeugnis

Frau Christina Melker, geboren am 04. Juni 1980 in Bremen, war in der Zeit vom 28. Juni 2000 bis 17. Dezember 2009 als Rezeptionistin in unserem Unternehmen tätig.

Zu den Aufgaben von Frau Melker gehörte die Ausgabe von Spindschlüsseln, die Vergabe von Trainingsterminen, die Annahme von Telefonaten sowie das Kassieren verzehrter Getränke und Speisen.

Frau Melker erledigte die ihr übertragenen Aufgaben stets selbstständig und mit größter Sorgfalt. Auch neue Arbeitssituationen bewältigte sie stets sehr gut und zeigte ein hohes Maß an Flexibilität, Organisations- und Teamfähigkeit. Bei unseren Mitgliedern und Kunden war Frau Melker aufgrund ihrer offenen und freundlichen Art sehr beliebt. Frau Melker arbeitete stets zu unserer vollsten Zufriedenheit.

Ihr Verhalten zu Vorgesetzten, Arbeitskollegen und Kunden war stets einwandfrei.

Frau Melker scheidet auf eigenen Wunsch aus unserer Firma aus. Wir bedanken uns für die sehr gute Zusammenarbeit und wünschen ihr für ihren weiteren Berufs- und Lebensweg alles Gute.

Hamburg, den 17. Dezember 2009

Roger Baumann

(Geschäftsführer)

Aufgaben zur Selbstkontrolle

1. Welche Ziele verfolgt das Unternehmen mit Personalbeurteilungen, welche Ziele verfolgen die Mitarbeiter?

2. Wann sollten Personalbeurteilungen durchgeführt werden?

3. Von was kann eine Leistungsbeurteilung beeinflusst werden?

4. Welche Beurteilungsformen unterscheidet man und worin unterscheiden sie sich?

5. Welche Kriterien können zur Leistungsbeurteilung herangezogen werden?

6. Im Folgenden sehen Sie verschiedene Formulierungen aus Arbeitszeugnissen. Entscheiden Sie, in welche der Kategorien die einzelnen
Aussagen gehören. Hilfen zur Formulierung und Entschlüsselung
von Arbeitszeugnissen finden Sie im Internet, z.B. unter
www.jobworld.de/artikel/arbeitszeugnis/.

sehr gut	gut	befrie-digend	aus-reichend	mangel-haft	unge-nügend
...	...	...	...	...	...

a) Er arbeitete stets zuverlässig und genau.
b) Er ist ein engagierter Mitarbeiter.
c) Er hat unseren Erwartungen entsprochen.
d) Er zeigte, nach Anleitung, Fleiß und Ehrgeiz
e) Er hatte solides Basiswissen.
f) Sie meisterte die neuen Situationen stets sehr gut und sicher.
g) Sie verfügte über solide Fachkenntnisse.
h) Er hat nach Kräften versucht, die Leistungen zu erbringen, die wir
an diesem Arbeitsplatz fordern müssen.
i) Ihre Leistungen entsprachen im Allgemeinen den Anforderungen.
j) Er war bestrebt, sich neuen Situationen anzupassen.
k) Er beherrschte sein Aufgabengebiet.
l) Seine Leistungen haben in jeder Hinsicht unsere volle Anerkennung gefunden.
m) Sein Verhalten zu Mitarbeitern und Vorgesetzten war vorbildlich.
n) Ihr Verhalten zu Mitarbeitern war vorbildlich.
o) Er zeigte für seine Arbeit Verständnis und Interesse.
p) Sie meisterte neue Arbeitssituationen erfolgreich.
q) Seine Arbeitsergebnisse entsprachen den Anforderungen.
r) Er war in der Regel erfolgreich.
s) Er wurde von Kollegen, Vorgesetzten und Kunden stets als
freundlicher und fleißiger Mitarbeiter geschätzt.
t) Sie arbeitete sorgfältig und genau.
u) Sie war um eine zuverlässige Arbeitsweise bemüht.
v) Er hat die ihm übertragenen Arbeiten mit großem Fleiß und
Interesse durchgeführt.
w) Er hat die Aufgaben stets zu unserer Zufriedenheit erledigt.
x) Sie erzielte herausragende Arbeitsergebnisse.
y) Ihr persönliches Verhalten war insgesamt einwandfrei.
z) Sie fand sich in neuen Situationen zurecht.

8   Personalentwicklung

8.1   Ziele der Personalentwicklung

Die Welt, und damit auch die Arbeitswelt, ist ständigen Veränderungen ausgesetzt. Während es früher ausreichte, einen Beruf zu erlernen und anhand dieser Qualifikationen ein Leben lang zu arbeiten, muss man sich heute ständig fort- und weiterbilden, um auf der Höhe der Zeit zu sein und sich gesellschaftlichen und technologischen Neuerungen anzupassen. Ziel der Personalentwicklung ist die Förderung der beruflichen Handlungskompetenz der Mitarbeiter im Dienste der Unternehmensziele. Dies ist im Einzelnen:

Ziele der Personalentwicklung	
Für Arbeitgeber	**Für Arbeitnehmer**
● Arbeitnehmer verbessern ihre fachliche Qualifikation.	● Fachliche Qualifikation wird verbessert.
● Wettbewerbsfähigkeit wird gestärkt.	● Aufstiegsmöglichkeiten werden geschaffen.
● Führungskräfte werden ausgebildet.	● Arbeitsplatz wird gesichert.
● Arbeitszufriedenheit und Arbeitsleistung werden gesteigert.	● Chancen am Arbeitsmarkt werden erhöht.
● Man ist unabhängig vom externen Arbeitsmarkt.	● Einkommen und Prestige werden gesteigert.
● Fluktuation kann gesenkt werden.	● Arbeitszufriedenheit wird erhöht.

8.2   Bereiche der Personalentwicklung

Die Personalentwicklung umfasst in einem Unternehmen die Bereiche:

● Berufliche Bildung
● Arbeitsorganisation
● Karriereplanung
● Gesundheit

8.2.1   Berufliche Bildung

Zu den Maßnahmen der Personalentwicklung gehören die Ausbildung, die Fortbildung und die Umschulung. Durch sie erhält ein Unternehmen qualifizierte Arbeitskräfte.

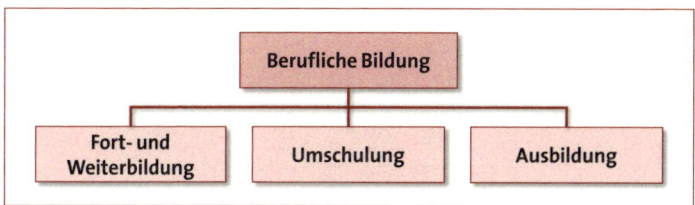

Abb. 8.1: Berufliche Bildung als Teil der Personalentwicklung

Ausbildung

Unter dem Begriff Ausbildung versteht man in der Regel die berufliche Erstausbildung. In Deutschland erfolgt die Ausbildung innerhalb des dualen Systems, d.h., der praktische Teil der Ausbildung erfolgt im Betrieb und der theoretische Teil in der Berufsschule. Die wichtigsten Regelungen für die Berufsausbildung sind im Berufsbildungsgesetz (BBIG) festgelegt. Sie stellen sicher, dass die Auszubildenden gut und ordentlich ausgebildet werden. Dies hält die Berufsausbildung auf einem hohen Niveau.

Es gibt für jeden Ausbildungsberuf eine Ausbildungsordnung, die das jeweilige Berufsbild klar umschreibt und die regelt, wie die Ausbildung im Betrieb erfolgen soll. Sie listet die Fertigkeiten und Kenntnisse auf, die vermittelt werden sollen, enthält eine Gliederung, wie die Ausbildung sachlich und zeitlich zu verlaufen hat, und regelt Organisation und Inhalt der Prüfungen. Auch die Ausbildungsdauer ist darin festgelegt. Vor Beginn der Ausbildung muss der Ausbildungsbetrieb dem Auszubildenden die Ausbildungsordnung kostenlos aushändigen.

Zur Ausbildung zählt auch die sog. Traineeausbildung, die ein bis zwei Jahre dauert. Die Zielgruppe sind in der Regel Hochschulabsolventen, die später eine Führungsposition einnehmen wollen. Während des Traineeprogramms nehmen sie an Seminaren teil und durchlaufen verschiedene betriebliche Arbeitsstationen, um das Unternehmen in seiner Gesamtheit kennenzulernen. Dadurch lernen sie die Arbeitsabläufe und -anforderungen besser kennen und können später im gesamten Unternehmen eingesetzt werden.

Fort- und Weiterbildung

Die Fortbildung soll die beruflichen Kenntnisse und Fertigkeiten der Mitarbeiter erweitern und/oder spezialisieren, damit sich die Arbeitnehmer an den bestehenden Entwicklungsstand im Unternehmen anpassen können. Dabei kann unterschieden werden zwischen der Anpassungsfortbildung und der Aufstiegsfortbildung.

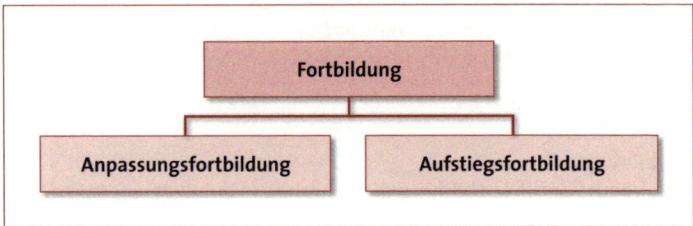

Abb. 8.2: Fortbildung

Die Anpassungsfortbildung soll die fachlichen Qualifikationen der Mitarbeiter verbessern.

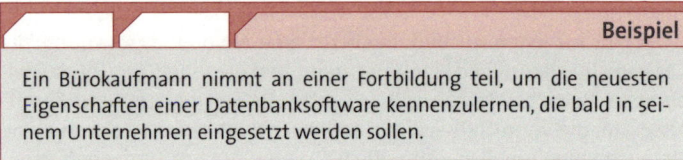

Beispiel

Ein Bürokaufmann nimmt an einer Fortbildung teil, um die neuesten Eigenschaften einer Datenbanksoftware kennenzulernen, die bald in seinem Unternehmen eingesetzt werden sollen.

Die Aufstiegsfortbildung soll Managementwissen vermitteln und Führungsverhalten trainieren.

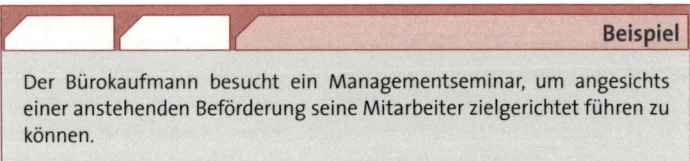

Beispiel

Der Bürokaufmann besucht ein Managementseminar, um angesichts einer anstehenden Beförderung seine Mitarbeiter zielgerichtet führen zu können.

Fortbildungsmaßnahmen können unternehmensintern und unternehmensextern erfolgen.

Die Begriffe „Fortbildung" und „Weiterbildung" werden oftmals synonym gebraucht. In der Regel bezeichnet man mit „Fortbildung" eine zeitlich kurze Maßnahme, die sich direkt auf das berufliche Handeln bezieht (z.B. Fortbildung zu Office 2010, wenn der Mitarbeiter bislang Office 2007 genutzt hat). Der Begriff „Weiterbildung" bezeichnet Maßnahmen, die in der Regel zeitlich aufwändiger sind und einen ganzen Themenkomplex abbilden (z.B. Industriekaufmann Müller macht eine Weiterbildung zum staatlich geprüften Betriebswirt und besucht hierfür zweimal wöchentlich ein Abendkolleg).

Umschulung

Durch eine Umschulung, also das Erlernen eines neuen Berufes, orientiert sich der Arbeitnehmer beruflich neu. In der Regel wird die Umschulung durch die örtlichen Arbeitsagenturen angeboten, und zwar Arbeitnehmern, die arbeitslos sind oder werden oder sich unfall- oder krankheitsbedingt neu orientieren müssen. Träger von Umschulungen sind Unternehmen, Rehabilitationszentren (bei Unfall oder Krankheit) oder private Bildungseinrichtungen. Zur Durchführung der Umschulungsmaßnahmen sind Fördermittel nach dem Arbeitsförderungsgesetz (AFG) erhältlich.

8.2.2   Arbeitsorganisation als Personalentwicklungsmaßnahme

Bei der Arbeitsorganisation geht es um die Festlegung der Tätigkeiten, die an einem Arbeitsplatz zu erfüllen sind. Hier spielt die Personalentwicklung eine große Rolle, um innerhalb der Belegschaft Möglichkeiten zu schaffen, dass die Mitarbeiter sich gegenseitig vertreten können und einen breiteren Blick auf die Abläufe im Unternehmen bekommen. Bei der Arbeitsorganisation können Arbeitsplätze nach zwei Dimensionen eingerichtet werden: Die erste Dimension (x-Achse) erfasst ein Spektrum an Tätigkeiten mit demselben Anspruchsniveau, die Vielfalt eines Arbeitsplatzes ergibt sich durch die Zusammenfassung ähnlicher und ähnlich anspruchsvoller Tätigkeiten. So sortiert ein Fließbandarbeiter beispielsweise Kartons ein, stapelt diese, richtet die Maschine her etc. Die zweite Dimension (y-Achse) erfasst ein Spektrum an unterschiedlichen Schwierigkeitsgraden und Anspruchsniveaus der Aufgabe. Mit dem Schwierigkeitsgrad sind dabei nicht allein die Anforderungen an die Qualifikation des Mitarbeiters formuliert, sondern auch an die Verantwortung und die Selbstorganisation in Bezug auf das Aufgabenfeld, also die Anreicherung des Arbeitsplatzes mit Planungs- und Kontrollaufgaben. So könnte ein Fließbandarbeiter beispielsweise Kartons einsortieren, die Ware äußerlich auf Qualitätsmängel überprüfen, Teamabsprachen vornehmen und die Maschine

reparieren. Die verschiedenen Gestaltungsmöglichkeiten der Arbeitsorganisation lassen sich unter den folgenden Begriffen kategorisieren:

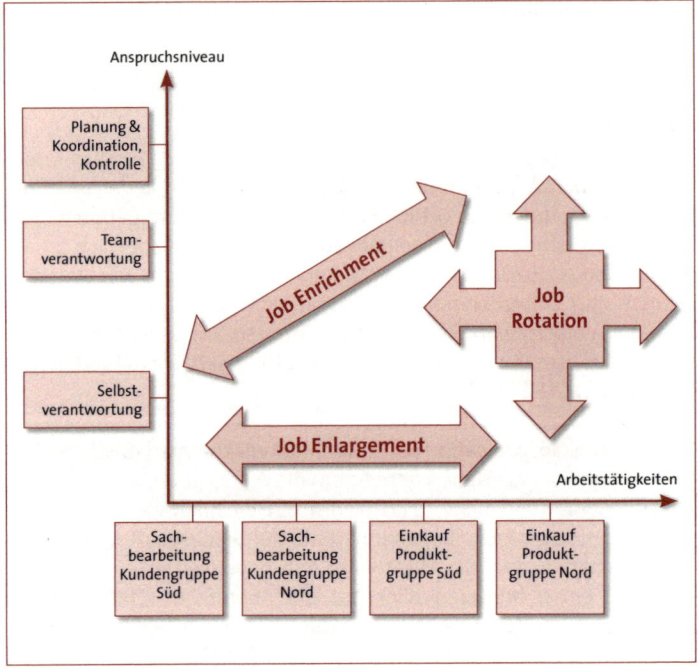

Abb. 8.3: Arbeitsplatzorganisation

Job Enlargement (englisch „Arbeitserweiterung") bedeutet eine
Erweiterung des Aufgabenspektrums des Mitarbeiters. Dabei handelt
es sich um verschiedene, vom Anforderungsprofil relativ ähnliche Aufgaben, um die ein Arbeitsplatz erweitert wird. So kann z.B. ein Sachbearbeiter, statt nur die Kundengruppe Süd zu betreuen, auch teilweise
im Einkauf mitarbeiten. Dadurch wird der Monotonie entgegenge-
wirkt und der Mitarbeiter breiter für das Unternehmen einsetzbar.
Allerdings ist das Anspruchsniveau hierdurch noch nicht gewachsen.

Beim Job Enrichment (englisch „Arbeitsbereicherung") wird der
Arbeitsplatz nicht einfach nur durch ähnliche Tätigkeiten erweitert,

sondern dem gewöhnlichen Arbeitsschema werden planende und steuernde Tätigkeiten sowie Entscheidungsbefugnisse hinzugefügt. Dies kann auf verschiedenen Ebenen geschehen. So kann z.B. der Arbeitsplatz dadurch anspruchsvoller und bereichernder wirken, dass der Mitarbeiter seine Arbeitszeit selbst wählt (z.B. Gleitzeit) und sich dabei mit den Teamkollegen abstimmt. Gesteigert werden kann dies noch dadurch, dass ein Mitarbeiter die Verantwortung für ein Team, das ähnliche Arbeitstätigkeiten verrichtet, überantwortet bekommt oder auch die einzelnen Arbeitsschritte innerhalb dieser Tätigkeiten koordiniert, plant und kontrolliert und damit Vorgesetztenstatus erhält.

Job Rotation (englisch „Arbeitsplatzwechsel") bedeutet, dass der Mitarbeiter verschiedene Arbeitsstationen im Unternehmen durchläuft. Dies ist in der Regel eine Maßnahme der Karriereplanung für den Managementnachwuchs und wird deshalb im folgenden Kapitel vorgestellt.

8.2.3 Karriereplanung als Personalentwicklung

Eine Maßnahme der Personalentwicklung ist die Karriereplanung für den einzelnen Mitarbeiter. Hierbei sind die folgenden zwei Möglichkeiten am weitesten verbreitet:

- Job Rotation
- Projektgruppen

Job Rotation

Job Rotation bedeutet für den Mitarbeiter, dass er im Unternehmen an verschiedenen Arbeitsplätzen, z.B. in unterschiedlichen Abteilungen und Unternehmensbereichen, angelernt wird und im regelmäßigen Wechsel die verschiedenen Aufgaben wahrnimmt. Job Rotation ist eine Maßnahme, die hauptsächlich zur Ausbildung des Managementnachwuchses (Traineeausbildung) ergriffen wird. Der Trainee lernt das Unternehmen ganzheitlich kennen, indem er die verschiedenen Aufgaben selbst einmal verrichtet (so muss z.B. bei einer der größten deutschen Geschäftsbanken jeder Universitätsabsolvent, der dort Karriere machen möchte, für längere Zeit am Bankschalter arbeiten).

Bei jedem Arbeitsplatzwechsel muss der Mitarbeiter jedoch von einem erfahrenen Kollegen eingearbeitet und überwacht werden, was zunächst mit einem Mehraufwand im Unternehmen verbunden ist. Organisationstechnisch ergeben sich jedoch längerfristig neben der Höherqualifikation des Mitarbeiters auch eine größere Vertretungsreserve und mehr Flexibilität im Personal.

Job Rotation ist auch ein beliebtes Mittel, um soziale Spannungen in Abteilungen abzubauen („frischer Wind"). Zudem dient es der Motivation des Mitarbeiters, indem die Arbeitstätigkeit abwechslungsreicher und interessanter wird.

Projektgruppen
Ein Projekt ist eine zeitlich, finanziell und personell begrenzte, einmalige Arbeitsaufgabe mit genau definierter Zielvorgabe sowie festgelegtem Anfang und Ende. An einem Projekt können Mitarbeiter aus unterschiedlichen Abteilungen, unterschiedlichen Hierarchieebenen sowie unterschiedlicher Erfahrung und Aus- und Vorbildung beteiligt sein.

Folgende Projektarten lassen sich grundsätzlich unterscheiden:
- Innovationsprojekte (z.B. Entwicklung von neuen Produkten),
- Investitionsprojekte (z.B. Einrichten einer neuen Fertigungsanlage),
- Bauprojekte (z.B. Bau einer neuen Fabrikhalle),
- Organisationsprojekte (z.B. Schaffung einer neuen Abteilung),
- Kundenauftragsprojekte (z.B. Bau einer speziellen Maschine für einen Kunden).

8.2.4   Gesundheit als Bereich der Personalentwicklung
Die Gesundheit der Mitarbeiter ist wichtig für deren Leistung und somit den Unternehmenserfolg. Daher dienen Maßnahmen zur körperlichen und seelisch-geistigen Gesunderhaltung der Mitarbeiter der Personalentwicklung. Dazu gehört eine Verbesserung des Arbeitsumfeldes und der Arbeitsbedingungen, beispielsweise durch folgende Maßnahmen:
- ergonomisch gestaltete und emissionsfreie Arbeitsplätze,
- Angebot von gesunden Nahrungsmitteln in den Kantinen,
- Betriebspsychologen und -soziologen, Werksärzte sowie betriebseigene Physiotherapiepraxen,
- Bereitstellung von Fitnessanlagen oder Sportangeboten,
- Angebot von Erholungsmöglichkeiten in Erholungsheimen.

8.3 Instrumente der Personalentwicklung

Die Personalentwicklungsinstrumente kann man danach unterscheiden, wie „nah" sie am Arbeitsplatz durchgeführt werden. Man unterscheidet dabei zwischen Personalentwicklung „on the job", „near the job" und „off the job".

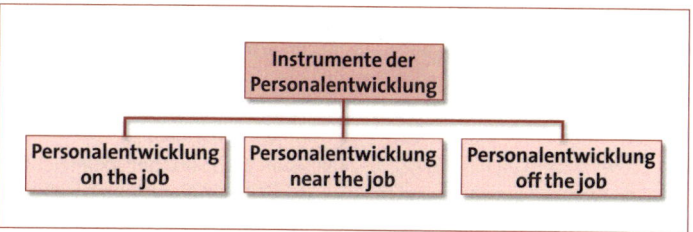

Abb. 8.4: Instrumente der Personalentwicklung

Personalentwicklung on the job: Die Aus- oder Fortbildung wird direkt am Arbeitsplatz durchgeführt, beispielsweise durch Unterweisungen vor Ort oder durch Job Rotation (Arbeitsplatzwechsel). Durch Job Rotation lernen die Mitarbeiter neue Arbeitsorte und Aufgabengebiete kennen und erweitern damit ihre Qualifikationen und Einsatzmöglichkeiten.

Personalentwicklung near the job: Die Bildungsmaßnahmen werden nicht am eigentlichen Arbeitsort durchgeführt, jedoch an tätigkeitsbezogenen Orten, z.B. in einer Lernwerkstatt.

Personalentwicklung off the job: Hier werden die Bildungsmaßnahmen an vom Arbeitsplatz unabhängigen Orten durchgeführt, z.B. externe Seminare und Workshops besucht oder ein Studium absolviert.

8.4 Vergleich von internen und externen Maßnahmen der Personalentwicklung

Bei der Planung von Personalentwicklungsmaßnahmen muss immer auch darüber entschieden werden, ob diese vom Unternehmen selbst, also intern, durchgeführt werden sollen, oder ob externe Institutionen hinzugezogen werden. Bei beiden Möglichkeiten ergeben sich Vor- und Nachteile:

Interne Bildungsmaßnahmen	
Vorteile	**Nachteile**
● Es entstehen geringere Kosten, wenn viele Mitarbeiter teilnehmen. ● Schulungsinhalte können genau auf das Unternehmen zugeschnitten und somit auch leichter umgesetzt werden. ● Das Unternehmen ist von externen Anbietern unabhängig. ● Eine Kontrolle der eingesetzten Maßnahmen kann leichter durchgeführt werden.	● Es entstehen hohe Kosten, wenn nur wenige Mitarbeiter teilnehmen. ● Betriebsblindheit kann Schulungsinhalte einseitig beeinflussen. ● Nicht immer sind passende Referenten vorhanden. ● Es müssen Schulungsräume mit passender Ausstattung bereitgestellt werden.

Externe Bildungsmaßnahmen	
Vorteile	**Nachteile**
● Referenten sind erfahren und geschult. ● Schulungen werden professionell durchgeführt. ● Mitarbeiter können sich mit unternehmensfremden Teilnehmern austauschen. ● Neue Impulse und Erfahrungen kommen ins Unternehmen.	● Schulungsinhalte können nicht immer einfach auf die Arbeitssituation im Unternehmen übertragen werden. ● Schulungsinhalte und Lehrmethoden können nicht beeinflusst werden. ● Interne Informationen aus dem Unternehmen können bekannt werden. ● Eine Kontrolle der eingesetzten Maßnahmen ist schwer durchführbar.

8.5   Konzeptionierung der Personalentwicklung

Personalentwicklung ist nur dann effektiv, wenn sie systematisch und konzeptionell durchdacht aufgebaut ist. Personalentwicklung ist mehr als, dass Mitarbeiter regelmäßig Fortbildungen besuchen. Die Konzeption der Personalentwicklung richtet sich nach dem sog.

Management- oder Controllingzyklus, der in der folgenden Grafik dargestellt ist.

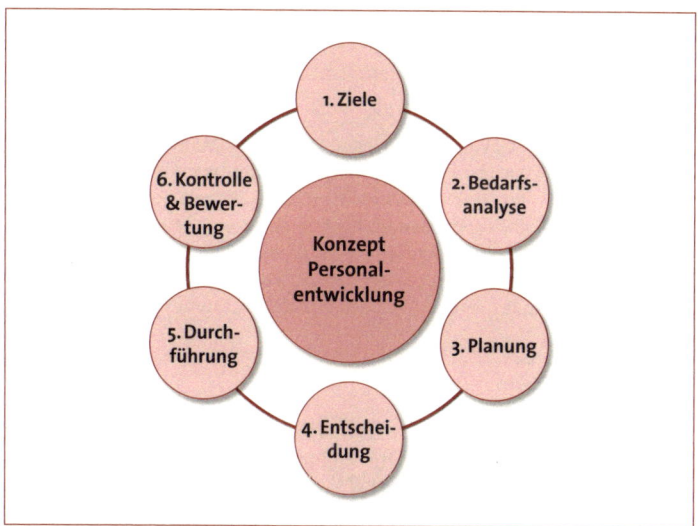

Abb. 8.5: Management- oder Controllingzyklus in der Personalentwicklung

1. Ziele: Bei der Konzeptionierung der Personalentwicklung müssen zunächst die Ziele festgelegt werden, die erreicht werden sollen. Sie müssen mit den Unternehmenszielen in Einklang stehen und sich aus diesen ableiten lassen. Weiterhin sollten Mitarbeiter partizipativ bei den Zielen mitreden und mitentscheiden können.

Beispiel

In der renommierten Steuerkanzlei Weber & Kollegen (86 Mitarbeiter) steht zur Diskussion, ob die Steuerfachangestellten in internationaler Rechnungslegung weitergebildet werden sollen. Die Anregung kam von einem Mitarbeiter (Steuerfachangestellter) selbst, da er seine berufliche Qualifikation erweitern möchte. Da es zu den Unternehmenszielen der Kanzlei gehört, auch internationale Kunden betreuen zu können, steht dieses Mitarbeiterziel in Einklang mit den Unternehmenszielen.

2. Bedarfsanalyse: Mit der Bedarfsanalyse soll erhoben werden, wer tatsächlich die Weiterbildung benötigt. Die Bedarfsanalyse sollte auch perspektivisch die Frage stellen, wer die Weiterbildung zur Erledigung der betrieblichen Aufgaben zukünftig benötigen wird.

Fortführung des Beispiels

In der Steuerkanzlei Weber & Kollegen zeigt sich, dass bislang keiner der Steuerfachangestellten über Kenntnisse der internationalen Rechnungslegung verfügt. Im Hinblick auf die Geschäftstätigkeit der Kanzlei wird deutlich, dass die internationale Rechnungslegung keine umfassende Aufgabe der Kanzlei werden wird. Aus diesem Grund wird der Bedarf dahin gehend festgelegt, dass von den 22 Steuerfachangestellten lediglich acht eine Weiterbildung in internationaler Rechnungslegung machen sollten.

---

3. Planung: Die Planungsphase umfasst die Überlegungen, wie der in der Bedarfsanalyse festgestellte Bedarf gedeckt werden kann. Dies reicht vom Sondieren des Marktes nach geeigneten Weiterbildungsträgern bis zur eigenen Einarbeitung der Personalentwickler in eine neue Materie.

Fortführung des Beispiels

Die Personalverantwortliche der Steuerkanzlei holt verschiedene Angebote von Weiterbildungsträgern und Dozenten zu Schulungen ein. Hierbei stehen zwei Alternativen zur Diskussion. Ein Dozent kann die Weiterbildung in der Kanzlei durchführen, indem er über ein Jahr wöchentlich eine Abendveranstaltung „in house" abhält. Der Vorteil ist, dass schon bei den Schulungen sehr spezifisch auf den Bedarf der Kanzlei eingegangen werden kann, indem sich der Dozent auf die Mandantenschaft der Kanzlei einstellt. Nachteilig sind die höheren Kosten solch einer passgenauen Schulung. Die andere Alternative ist die Teilnahme an Kursen externer Weiterbildungsträger (z.B. auch als Fernlehrgang).

4. Entscheidung und 5. Durchführung: Es wird eine Entscheidung gefällt und durchgeführt.

Fortführung des Beispiels

Die acht Steuerfachangestellten besuchen eine intensive Seminarreihe eines externen Weiterbildungsinstituts.

---

6. Kontrolle und Bewertung: Dieser Aspekt der Personalentwicklung kam über Jahre zu kurz, nämlich die Überprüfung und Bewertung, ob die Fort- oder Weiterbildung tatsächlich etwas für die berufliche Handlungskompetenz (siehe Kapitel 5.2) gebracht hat (dies wird im Bildungsbereich auch Evaluation genannt). Hierzu werden in der Regel die Teilnehmer befragt (z.B. per Fragebogen), es können aber auch Tests oder Prüfungen zur Bewertung der Weiterbildungsmaßnahme herangezogen werden. Wesentlich ist dabei, dass aus den Bewertungen auch Konsequenzen gezogen werden.

Fortführung des Beispiels

Die acht Steuerfachangestellten haben erfolgreich an der Seminarreihe teilgenommen und zum Schluss eine Zertifikatsprüfung abgelegt, die das erworbene Fachwissen bestätigt. In der Kanzlei werden die Mitarbeiter mit Fällen zur internationalen Rechnungslegung betraut. Ein Wirtschaftsprüfer der Kanzlei beurteilt, ob die Steuerfachangestellten die Mandanten nun kompetent betreuen können. Es zeigt sich, dass die Mitarbeiter ihr Fachwissen nur bedingt auf Praxisfälle übertragen können. Als Konsequenz daraus wird festgehalten, dass in Zukunft auf einen Anbieter mit stärkerer Praxisorientierung zurückgegriffen werden soll.

Aufgaben zur Selbstkontrolle

1. Welche Bereiche umfasst die berufliche Bildung innerhalb der Personalentwicklung?

2. Warum ist heutzutage eine ständige Personalentwicklung notwendig?

3. Ergänzen Sie die folgende Tabelle mit den Begriffen der Personalentwicklung:

Fall	Dies wird bezeichnet als ...
a) Bürokauffrau Karin Müller arbeitet einen Tag im Vertrieb, sonst in der Buchhaltung, damit sie flexibler eingesetzt werden kann.	
b) Monteur Markus Maler ist zwei Tage in der Montage (am Band), einen Tag im Lager und einen Tag in der Auslieferung.	
c) Monteur Markus Maler ist Gruppensprecher seines Fertigungsteams und übernimmt die Schichteinteilung.	
d) Ein Diplom-Betriebswirt kommt frisch aus dem Studium zur Maschinen AG und soll nun jede Abteilung vier Wochen lang kennenlernen.	

4. Personalentwicklungsmaßnahmen können vom Unternehmen selbst oder von externen Anbietern durchgeführt werden. Was kann die Entscheidung beeinflussen? Nennen Sie jeweils Vor- und Nachteile beider Möglichkeiten.

5. Ordnen Sie folgende Maßnahmen den Bereichen der Personalentwicklung zu:

Maßnahme	Bereich der Personalentwicklung
a) Für die neue Buchhaltungssoftware wird im Unternehmen eine Schulung angeboten.	
b) In einem Entwicklungsgespräch werden die nächsten Stationen für Diplom-Betriebswirt Meier innerhalb des Unternehmens festgelegt.	
c) Der Betriebsarzt begeht die Büros in der Verwaltung und ermittelt, ob die Bildschirme augenfreundlich eingestellt sind.	
d) In der Kantine werden zusätzlich zu den Stammessen Vollwertkost und ein vegetarisches Gericht angeboten, zudem werden Vorträge über gesunde Ernährung gehalten.	
e) Die neuen Verkäufer der Firma bekommen ein intensives Verkaufstraining.	

6. Sie sind Personalchef eines großen Sporthandelsbetriebs und möchten die Umsätze ihrer Verkäufer steigern.
   a) Wie könnten geeignete Personalentwicklungsmaßnahmen aussehen?
   b) Sollten diese Maßnahmen Ihrer Meinung nach intern oder extern durchgeführt werden?
   c) Wie können Sie den geeigneten Partner im Falle einer externen Bildungsmaßnahme finden und auswählen?

9   Personalfreistellung

Unter gewissen Umständen kommt ein Unternehmen nicht umhin, die Zahl der Mitarbeiter zu reduzieren, also Personal abzubauen bzw. freizustellen. Auch kann die Unternehmensentwicklung es erfordern, dass einige Mitarbeiter nicht mehr an ihren bisherigen Arbeitsstellen verbleiben können. Dann werden sie freigestellt. Eine Personalfreistellung bedeutet aber nicht immer eine Kündigung der Mitarbeiter. Sie umfasst alle Maßnahmen, mit denen ein Personalüberschuss abgebaut werden kann, und zwar in qualitativer, quantitativer, räumlicher und zeitlicher Hinsicht.

Ein Grund für eine Personalfreistellung ist beispielsweise der zunehmende Ersatz menschlicher Arbeitskraft durch Maschinen (sog. Automatisierung) oder auch ein Rückgang der Produktion, etwa durch rückläufigen Absatz oder die Aufgabe eines Geschäftsfeldes. Bei Letzterem handelt es sich um einen sehr aktuellen Grund, da gerade im produzierenden Gewerbe einfachere Produktionsschritte in sog. Billiglohnländer verlegt werden.

Die Personalfreistellung kann intern und extern erfolgen, wobei die interne Personalfreistellung in der Regel einfacher für die Mitarbeiter ist, da das Arbeitsverhältnis dabei nicht beendet wird.

9.1   Interne Personalfreistellung und Arbeitszeitmodelle

Bei der internen Personalfreistellung bleiben die Mitarbeiter im Unternehmen beschäftigt, da durch verschiedene Arbeitszeitmodelle das überschüssige Personal einzelner Unternehmensbereiche reduziert wird. Der Vorteil für das Unternehmen ist, dass qualifiziertes und eingearbeitetes Personal im Betrieb erhalten bleibt.

Interne Personalfreistellung wird meist mit Arbeitszeitmodellen bewältigt:

- **Versetzung:** Der Arbeitgeber weist dem Arbeitnehmer ein anderes Aufgabenfeld zu.
- **Abbau von Mehrarbeit:** Reduzierung der Arbeitszeit, die über die tariflich festgelegte Arbeitszeit hinausgeht
- **Arbeitsplatzteilung (Jobsharing):** Zwei oder mehr Arbeitnehmer teilen sich einen Arbeitsplatz.
- **Flexibilisierung der Arbeitszeit:** Vollzeitstellen werden in Teilzeitstellen umgewandelt.

- **Einführung von Kurzarbeit:** Die Arbeitnehmer eines Unternehmens arbeiten über einen bestimmten Zeitraum hinweg weniger oder überhaupt nicht. Der Verdienstausfall wird durch das vom Staat gezahlte Kurzarbeitergeld in bestimmter Höhe ausgeglichen.
- **Altersteilzeit:** Verkürzung der Arbeitszeit bei älteren Arbeitnehmern, die kurz vor dem Renteneintritt stehen

Kann die interne Personalfreistellung nicht über ein Arbeitszeitmodell bewältigt werden, so hilft vor der externen Personalfreistellung allenfalls noch eine Versetzung. Hierfür muss jedoch eine Stelle im Betrieb zunächst frei werden.

9.2 Externe Personalfreistellung

Bei der externen Personalfreistellung werden bestehende Arbeitsverhältnisse beendet, um einen verringerten Personalbedarf auszugleichen. Hierzu gibt es verschiedene Möglichkeiten:

- **Ausnutzung natürlicher Fluktuation:** Durch Pensionierung, Kündigung oder den Tod eines Mitarbeiters frei werdende Stellen werden nicht mehr besetzt. Die Reduzierung des Personals geht dabei nur langsam vonstatten.
- **Frühpensionierung:** Mitarbeiter gehen vor dem geplanten Zeitpunkt in Rente.
- **Aufhebungsverträge:** Durch den Abschluss eines Aufhebungsvertrages wird das Arbeitsverhältnis einvernehmlich zu einem bestimmten Zeitpunkt beendet. Ein Aufhebungsvertrag ist an keine gesetzlichen Kündigungsfristen gebunden. Normalerweise wird dem Arbeitnehmer eine Abfindung gezahlt. Während der Mitarbeiter noch angestellt ist, kann das Unternehmen einen externen Berater engagieren, der dem Mitarbeiter bei der Suche nach einer neuen Anstellung hilft. Dieses Vorgehen nennt man Outplacement.
- **Kündigung:** Arbeitsverträge werden gekündigt, Mitarbeiter werden entlassen. Eine Kündigung muss sich immer nach den Kündigungsschutzbestimmungen richten.

9.3 Die Kündigung

Arbeitsverträge können vonseiten des Arbeitnehmers oder vonseiten des Arbeitgebers gekündigt werden. Die Kündigung muss jedoch immer schriftlich erfolgen, da eine mündlich ausgesprochene Kündigung unwirksam ist.

---

§ 623 BGB

Schriftform der Kündigung

Die Beendigung von Arbeitsverhältnissen durch Kündigung oder Auflösungsvertrag bedürfen zu ihrer Wirksamkeit der Schriftform; die elektronische Form ist ausgeschlossen.

Eine Kündigung muss grundsätzlich immer begründet sein. Sie kann zum einen fristgerecht geschehen. Bei dieser sog. ordentlichen Kündigung endet das Arbeitsverhältnis nach einer bestimmten Kündigungsfrist. Zum anderen kann eine Kündigung fristlos erfolgen. Bei dieser sog. außerordentlichen Kündigung endet das Arbeitsverhältnis sofort. Arbeitnehmer und Arbeitgeber können beide Kündigungsarten anwenden, jedoch muss der Arbeitgeber längere Kündigungsfristen beachten.

9.3.1 Kündigungsgründe

Für eine Kündigung, also das Beenden eines Arbeitsverhältnisses durch den Arbeitnehmer oder Arbeitgeber, kann es vielfältige Gründe geben. Erfolgt eine ordentliche Kündigung durch den Arbeitgeber, so muss diese sozial gerechtfertigt sein. Es müssen Gründe vorliegen, die in der Person des Gekündigten liegen (personen- oder verhaltensbedingte Kündigung), oder die Kündigung muss durch betriebliche Erfordernisse bedingt sein (betriebsbedingte Kündigung). Die sog. außerordentliche Kündigung ist fristlos; dafür muss aber ein wichtiger Grund vorliegen. Dies ist dann der Fall, wenn dem, der kündigt (dem Arbeitgeber, aber auch dem Arbeitnehmer) nicht mehr zugemutet werden kann, mit dem Vertragspartner weiterhin zusammenzuarbeiten, bis die gesetzliche Kündigungsfrist abgelaufen ist.

Kündigungsgründe können sein:
- Das Unternehmen hat einen geringeren Personalbedarf.
- Der Arbeitnehmer möchte sich beruflich verändern.
- Der Arbeitsvertrag ist zeitlich befristet.
- Der Mitarbeiter ist den Anforderungen nicht gewachsen.
- Es liegen schwerwiegende Gründe vor (z.B. Arbeitsverweigerung, Diebstahl, Belästigungen, Mobbing).

9.3.2 Kündigungsarten und Kündigungsfristen

Man unterscheidet ordentliche Kündigungen, bei denen gesetzliche oder (tarif-)vertragliche Kündigungsfristen eingehalten werden müssen, und außerordentliche Kündigungen, bei denen bestimmte Tatbestände erfüllt sein müssen, die zu einer fristlosen Kündigung führen.

Ordentliche Kündigung

Eine Kündigung kann vom Arbeitnehmer oder vom Arbeitgeber ausgehen. Dabei müssen sich beide jedoch an bestimmte gesetzliche Kündigungsfristen halten.

---

§ 622 BGB

Kündigungsfristen bei Arbeitsverhältnissen

(1) Das Arbeitsverhältnis eines Arbeiters oder eines Angestellten (Arbeitnehmers) kann mit einer Frist von vier Wochen zum Fünfzehnten oder zum Ende eines Kalendermonats gekündigt werden.

Zusätzliche Regelungen zu den Kündigungsfristen:

- In der Probezeit können Arbeitsverträge mit einer Frist von 14 Tagen gekündigt werden.
- Der Arbeitgeber muss je nach Dauer der Betriebszugehörigkeit des Arbeitnehmers bestimmte Kündigungsfristen beachten (siehe Tabelle unten).
- Für Arbeitnehmer unter 25 Jahren gilt die einfache Kündigungsfrist von vier Wochen zum 15. oder zum Monatsende.
- Für Arbeitnehmer ab dem 25. Lebensjahr gelten verlängerte Kündigungsfristen, die der Arbeitgeber einhalten muss (nicht der Arbeitnehmer). Die Dauer der Betriebszugehörigkeit zählt also erst ab dem 25. Lebensjahr. Dabei gelten die folgenden Fristen (nach § 622 Abs. 2 BGB):

Betriebszugehörigkeit	Kündigungsfrist
unter 2 Jahren	4 Wochen zum 15. oder Monatsende
ab 2 Jahren	1 Monat zum Monatsende
ab 5 Jahren	2 Monate zum Monatsende

ab 8 Jahren	3 Monate zum Monatsende
ab 10 Jahren	4 Monate zum Monatsende
ab 12 Jahren	5 Monate zum Monatsende
ab 15 Jahren	6 Monate zum Monatsende
ab 20 Jahren	7 Monate zum Monatsende

Zwei Beispiele

Thomas Frank arbeitet seit 15 Jahren bei der Berghaus KG in der Vertriebsabteilung. Im Vertrieb wird Personal abgebaut, so soll auch der vierzigjährige Thomas Frank zum 31. August entlassen werden. Er muss sechs Monate vorher, also bis zum 28. Februar, schriftlich über die Kündigung informiert werden.

Stefan Meier hat im Mai die Probezeit bei der Berghaus KG beendet. Zwei Monate später, Ende Juli, wird er beim Diebstahl erwischt. Die Personalabteilung kündigt ihm zum 31. August.

Arbeitnehmer und Arbeitgeber können eine einzelvertragliche Kündigungsfrist vereinbaren, die zwar länger, jedoch nicht kürzer als die gesetzlichen Kündigungsfristen sein darf, wobei es nach § 622 Abs. 5 BGB jedoch Ausnahmen gibt. Kündigt der Arbeitnehmer, so hat er nach § 622 Abs. 6 BGB keine längeren Kündigungsfristen zu beachten als der Arbeitgeber.

§ 622 BGB

Kündigungsfristen bei Arbeitsverhältnissen

(5) Einzelvertraglich kann eine kürzere als die in Absatz 1 genannte Kündigungsfrist nur vereinbart werden,

- wenn ein Arbeitnehmer zur vorübergehenden Aushilfe eingestellt ist; dies gilt nicht, wenn das Arbeitsverhältnis über die Zeit von drei Monaten hinaus fortgesetzt wird;
- wenn der Arbeitgeber in der Regel nicht mehr als 20 Arbeitnehmer ausschließlich der zu ihrer Berufsbildung Beschäftigten beschäftigt und die Kündigungsfrist vier Wochen nicht unterschreitet.

(6) Für die Kündigung des Arbeitsverhältnisses durch den Arbeitnehmer darf keine längere Frist vereinbart werden als für die Kündigung durch den Arbeitgeber.

Beispiel

Petra Kurz wird kurzfristig als Aushilfe bei der Berghaus KG eingestellt, da in der Vertriebsabteilung eine Bürokraft erkrankt ist und wahrscheinlich für drei Monate ausfallen wird. Vertraglich einigt man sich deshalb auf eine Kündigungsfrist von drei Tagen, da Petra Kurz ja nur so lange einspringen soll, bis die erkrankte Angestellte wieder arbeiten kann, also höchstens drei Monate. Sollte die Krankheit wider Erwarten doch länger andauern und Petra Kurz den Platz länger besetzen, so wird die Kündigungsfrist automatisch an die gesetzlichen Kündigungsfristen angepasst.

Außerordentliche Kündigung (fristlose Kündigung)

Eine außerordentliche (fristlose) Kündigung kann sowohl vonseiten des Arbeitnehmers als auch vonseiten des Arbeitgebers erfolgen. Dazu müssen schwerwiegende Gründe vorliegen. Eine Frist von zwei Wochen nach Bekanntwerden des Kündigungsgrundes ist dabei einzuhalten.

§ 626 BGB

Fristlose Kündigung aus wichtigem Grund

(1) Das Dienstverhältnis kann von jedem Vertragsteil aus wichtigem Grund ohne Einhaltung einer Kündigungsfrist gekündigt werden, wenn Tatsachen vorliegen, aufgrund derer dem Kündigenden unter Berücksichtigung aller Umstände des Einzelfalles und unter Abwägung der Interessen beider Vertragsteile die Fortsetzung des Dienstverhältnisses bis zum Ablauf der Kündigungsfrist oder bis zu der vereinbarten Beendigung des Dienstverhältnisses nicht zugemutet werden kann.

(2) Die Kündigung kann nur innerhalb von zwei Wochen erfolgen. Die Frist beginnt mit dem Zeitpunkt, in dem der Kündigungsberechtigte von den für die Kündigung maßgebenden Tatsachen Kenntnis erlangt. Der Kündigende muss dem anderen Teil auf Verlangen den Kündigungsgrund unverzüglich schriftlich mitteilen.

Wichtige Gründe für eine fristlose Kündigung können sein ...	
... für den Arbeitgeber	**... für den Arbeitnehmer**
• Diebstahl • Verrat von Betriebsgeheimnissen • Unterschlagung • häufige unentschuldigte Fehlzeiten • Arbeitsverweigerung	• (sexuelle) Belästigung am Arbeitsplatz • Mobbing • Vorenthalten des Lohns/Gehalts • Zwang, gesundheitsschädigende Arbeiten auszuführen

Informations- und Mitwirkungsrechte des Betriebsrats

Damit eine Kündigung wirksam ist, muss der Betriebsrat vorher davon unterrichtet werden (siehe Kapitel 10.2.3). Ist der Betriebsrat gegen eine Kündigung, kann er bei einer fristlosen Kündigung unverzüglich, spätestens jedoch innerhalb von drei Tagen, bei einer ordentlichen Kündigung innerhalb von einer Woche unter Angabe von Gründen schriftlich widersprechen.

---

§ 102 BetrVG

Mitbestimmung bei Kündigung

(1) Der Betriebsrat ist vor jeder Kündigung zu hören. Der Arbeitgeber hat ihm die Gründe für die Kündigung mitzuteilen. Eine ohne Anhörung des Betriebsrats ausgesprochene Kündigung ist unwirksam.

Einer ordentlichen Kündigung kann der Betriebsrat nach § 102 BetrVG beispielsweise dann widersprechen, wenn

• bei der Auswahl des Arbeitnehmers soziale Gesichtspunkte nicht berücksichtigt wurden;

• der Arbeitnehmer an einem anderen Arbeitsplatz oder nach einer entsprechenden Umschulung oder Fortbildung weiterbeschäftigt werden könnte;

• in gegenseitigem Einverständnis eine Weiterbeschäftigung unter geänderten Vertragsbedingungen möglich wäre.

Beispiel

Die Auftragslage bei der Berghaus KG verschlechtert sich; die chinesische Konkurrenz produziert billiger. Außerdem werden einzelne Arbeitsschritte in der Produktion der Berghaus KG mechanisiert, sodass Arbeitskräfte dadurch entfallen. Als Folge wird die Stelle eines Facharbeiters abgebaut.

Die Entscheidung soll zwischen den beiden dreißigjährigen Facharbeitern Sven Berg und Ali Yildiz fallen; beide sind erst seit Kurzem bei der Berghaus KG beschäftigt.

Der Personalchef führt mit beiden Personalgespräche und neigt dazu, Ali Yildiz zu kündigen, da Gespräche mit dem zuständigen Meister der Produktion ergeben haben, dass Sven Berg zuverlässiger arbeitet als sein Kollege. Als der Personalchef den Betriebsrat von seiner Entscheidung unterrichtet, reagiert dieser jedoch empört. Der Personalchef hatte es versäumt, soziale Gesichtspunkte in die Kündigungsüberlegungen miteinzubeziehen.

Ali Yildiz ist im Gegensatz zu Sven Berg Vater von drei Kindern, deshalb spricht sich der Betriebsrat gegen die Kündigung aus. Der Betriebsrat schlägt vor, den qualifizierten Mitarbeiter Sven Berg an einer Fortbildung teilnehmen zu lassen, um ihn an anderer Stelle einzusetzen und so im Unternehmen zu halten.

9.3.3 Kündigungsschutz

Der allgemeine Kündigungsschutz ist im Kündigungsschutzgesetz (KSchG) geregelt und bewirkt, dass Arbeitnehmern nur gekündigt werden darf, wenn die Kündigung durch Gründe bedingt ist, die in der Person oder dem Verhalten des Arbeitnehmers oder in dringenden betrieblichen Erfordernissen liegen. Sind solche Gründe nicht vorhanden, ist die Kündigung sozial ungerechtfertigt. Es darf also keine willkürliche Kündigung ausgesprochen werden.

Die folgende Tabelle zeigt, was unter personen-, verhaltens- oder betriebsbedingten Gründen zu verstehen ist:

Der Kündigungsgrund liegt in ...		
... der Person	... dem Verhalten	... dem Betrieb
<ul><li>mangelnde Qualifikation (bei der Einstellung nicht bekannt)</li><li>mangelnde körperliche oder geistige Eignung (z.B. Allergie, Überforderung)</li><li>sehr lange Krankheit</li><li>sehr häufige kurzzeitige Erkrankungen</li></ul>	<ul><li>fehlender Leistungs- und Arbeitswille</li><li>Verletzung arbeitsrechtlicher Nebenpflichten (z.B. Nichtvorlage eines Gesundheitszeugnisses)</li><li>Verstöße gegen die Betriebsordnung</li><li>Drogen und Alkohol am Arbeitsplatz</li><li>Verstoß gegen das Rauchverbot</li><li>Störung des Betriebsfriedens (Beleidigung von Kollegen, sexuelle Belästigung)</li></ul>	<ul><li>wirtschaftliche Situation: Umsatz- oder Ertragsrückgang</li><li>größere Veränderungen des Betriebs (z.B. Produktionsverlagerung ins Ausland, Einsatz neuer Maschinen)</li></ul>
	Wichtig: Bei Verhaltensverstößen des Arbeitnehmers muss der Arbeitgeber zweimal schriftlich abmahnen, bevor er kündigen darf.	Wichtig: Bei einer betriebsbedingten Kündigung müssen soziale Gesichtspunkte beachtet werden.

Die Regeln des Kündigungsschutzes gelten nur für Betriebe mit mehr als fünf vollbeschäftigten Arbeitnehmern. Dazu zählen solche Arbeitnehmer, die mehr als 30 Wochenstunden arbeiten. Für Mitarbeiter, die ab 2004 neu eingestellt wurden, gilt der Kündigungsschutz sogar erst dann, wenn mindestens zehn Arbeitnehmer in dem Betrieb beschäftigt sind (Auszubildende werden nicht, Teilzeitbeschäftigte zu einem geringeren Teil mitgerechnet).

Bei einer betriebsbedingten Kündigung müssen immer auch soziale Gesichtspunkte berücksichtigt werden, d.h., zuerst wird den Mitarbeitern gekündigt, bei denen die sozialen Folgen nicht so schwerwiegend sind. Als soziale Kriterien werden dabei berücksichtigt:

- das Lebensalter,
- der Familienstand,
- die Anzahl der Kinder,
- die Dauer der Betriebszugehörigkeit.

Einem jungen, ledigen Arbeitnehmer mit kurzer Betriebszugehörigkeit wird daher eher gekündigt werden als einem Familienvater, der schon längere Zeit im Unternehmen beschäftigt ist.

Diese sozialen Gesichtspunkte treten jedoch in den Hintergrund, wenn Mitarbeiter aufgrund ihrer besonderen Qualifikation dazu beitragen, den Betrieb zu sichern (z.B. als Experte für teure Spezialmaschinen oder in der EDV).

Besonderer Kündigungsschutz

Es gibt Personengruppen, bei denen eine Kündigung besondere Härten nach sich ziehen würde. Dies sind Schwerbehinderte, Schwangere und Mütter bis zum Ablauf von vier Monaten nach der Entbindung, Arbeitnehmer während der Elternzeit, Auszubildende in der Probezeit sowie Wehrpflichtige und Zivildienstleistende. Auch Betriebsräte sowie Jugend- und Auszubildendenvertreter haben innerhalb der Wahlperiode und innerhalb eines Jahres nach Beendigung der Amtszeit einen besonderen Kündigungsschutz, damit sie vom Arbeitgeber nicht unter Druck gesetzt werden können.

Hat ein Arbeitnehmer eine Kündigung erhalten, so hat er während der Kündigungsfrist das Recht, für Vorstellungsgespräche freigestellt zu werden, und darf noch verbleibenden Resturlaub in Anspruch nehmen. Weiterhin hat er das Recht auf ein Arbeitszeugnis.

Bei Fehlverhalten eines Mitarbeiters muss jedoch nicht zwangsläufig sofort eine Kündigung folgen. Oft wird dem Mitarbeiter zur Warnung zunächst eine Abmahnung erteilt, um ihn für sein Fehlverhalten zu rügen, zum Beispiel bei unentschuldigten Fehlzeiten, Diebstahl, Mobbing von Kollegen, Arbeitsverweigerung usw. Bekommt ein Mitarbeiter jedoch wiederholt Abmahnungen, so hat auch dies meist eine Kündigung zur Folge. Eine gesetzliche Regelung für Abmahnungen gibt es nicht.

Aufgaben zur Selbstkontrolle

1. Was verstehen Sie unter dem Begriff „interne Personalfreistellung"? Nennen Sie Beispiele.

2. Was bedeutet „externe Personalfreistellung"? Nennen Sie auch hier Beispiele.

3. Welche Fristen müssen bei einer gesetzlichen Kündigung eingehalten werden?

4. Wie lange dürfen die Kündigungsfristen bei einer einzelvertraglichen Kündigung im Vergleich zu den gesetzlich festgelegten Kündigungsfristen sein? Gibt es Ausnahmen? Wo ist dies gesetzlich geregelt?

5. Wann darf Arbeitnehmern gekündigt werden?

6. Für wen gilt der allgemeine Kündigungsschutz?

7. Nennen Sie soziale Gesichtspunkte, die bei einer betriebsbedingten Kündigung berücksichtigt werden müssen.

8. Für welche Personengruppen gilt der besondere Kündigungsschutz?

9. Welche Rechte hat ein Arbeitnehmer, nachdem er eine Kündigung erhalten hat?

10. Beurteilen Sie, welche Fristen im Falle einer Kündigung in den folgenden Fällen eingehalten werden müssen.
    a) Noah Kaufmann wurde vor einem Monat eingestellt und befindet sich noch in der Probezeit.
    b) Die 22-jährige Sabine Friedmann arbeitet seit drei Jahren im Betrieb.
    c) Die 40-jährige Kerstin Danner arbeitet seit fünf Jahren im Betrieb.
    d) Der 40-jährige Friedhelm Meißner ist seit drei Jahren im Unternehmen beschäftigt.

10 Arbeitsrechtliche Regelungen und betriebliche Mitbestimmung

10.1 Arbeitsschutzrechte

Es gibt verschiedene Arbeitsschutzrechte und Vorschriften, welche die Arbeitnehmer schützen sollen, sei es vor Gesundheitsschäden und Gefahren bei technischer Produktion, sei es vor Willkür seitens des Arbeitgebers.

Mit dem Kündigungsschutzgesetz (KschG) wurden Sie bereits vertraut gemacht (siehe Kapitel 9.3.3), ebenso mit dem Allgemeinen Gleichbehandlungsgesetz (AGG; siehe Kapitel 3.3.3). Näher betrachtet werden sollen nun das Mutterschutzgesetz (MuSchG), das Jugendarbeitsschutzgesetz (JArbSchG), das Arbeitszeitgesetz (ArbZG) sowie das Bundesurlaubsgesetz (BUrlG).

10.1.1 Das Mutterschutzgesetz

Das Mutterschutzgesetz (MuSchG) schützt erwerbstätige werdende und stillende Mütter. Im Mittelpunkt stehen dabei der Mutterschaftsurlaub, das Mutterschaftsgeld sowie die Arbeitsplatzgestaltung und das Beschäftigungs- und Kündigungsverbot.

---

§ 2 MuSchG

Gestaltung des Arbeitsplatzes

(1) Wer eine werdende oder stillende Mutter beschäftigt, hat bei der Einrichtung und der Unterhaltung des Arbeitsplatzes einschließlich der Maschinen, Werkzeuge und Geräte und bei der Regelung der Beschäftigung die erforderlichen Vorkehrungen und Maßnahmen zum Schutze von Leben und Gesundheit der werdenden oder stillenden Mutter zu treffen.

§ 3 MuSchG

Beschäftigungsverbote für werdende Mütter

(1) Werdende Mütter dürfen nicht beschäftigt werden, soweit nach ärztlichem Zeugnis Leben oder Gesundheit von Mutter oder Kind bei Fortdauer der Beschäftigung gefährdet ist.

(2) Werdende Mütter dürfen in den letzten sechs Wochen vor der Entbindung nicht beschäftigt werden, es sei denn, dass sie sich zur Arbeitsleistung ausdrücklich bereit erklären; die Erklärung kann jederzeit widerrufen werden.

§ 5 MuSchG

Mitteilungspflicht, ärztliches Zeugnis

(1) Werdende Mütter sollen dem Arbeitgeber ihre Schwangerschaft und den mutmaßlichen Tag der Entbindung mitteilen, sobald ihnen ihr Zustand bekannt ist.

§ 6 MuSchG

Beschäftigungsverbote nach der Entbindung

(1) Mütter dürfen bis zum Ablauf von acht Wochen, bei Früh- und Mehrlingsgeburten bis zum Ablauf von zwölf Wochen nach der Entbindung nicht beschäftigt werden.

§ 8 MuSchG

Mehrarbeit, Nacht- und Sonntagsarbeit

(1) Werdende und stillende Mütter dürfen nicht mit Mehrarbeit, nicht in der Nacht zwischen 20 und 6 Uhr und nicht an Sonn- und Feiertagen beschäftigt werden.

§ 9 MuSchG

Kündigungsverbot

(1) Die Kündigung gegenüber einer Frau während der Schwangerschaft und bis zum Ablauf von vier Monaten nach der Entbindung ist unzulässig, wenn dem Arbeitgeber zur Zeit der Kündigung die Schwangerschaft oder Entbindung bekannt war oder innerhalb zweier Wochen nach Zugang der Kündigung mitgeteilt wird; (...)

§ 11 MuSchG

Arbeitsentgelt bei Beschäftigungsverboten

(1) Den unter den Geltungsbereich des § 1 fallenden Frauen ist, soweit sie nicht Mutterschaftsgeld nach den Vorschriften der Reichsversicherungsordnung beziehen können, vom Arbeitgeber mindestens der Durchschnittsverdienst der letzten 13 Wochen oder der letzten drei Monate vor Beginn des Monats, in dem die Schwangerschaft eingetreten ist, weiter zu gewähren, (...)

10.1.2　Das Jugendarbeitsschutzgesetz

Das Jugendarbeitsschutzgesetz (JArbSchG) schützt arbeitende Jugendliche, also Personen unter 18 Jahren, die einer Berufsausbildung nachgehen, in einem Arbeitsverhältnis stehen oder Heimarbeit betreiben. Durch das JArbSchG sollen sie vor Überforderung und Gefahren geschützt werden.

Laut Jugendarbeitsschutzgesetz sind Personen unter 15 Jahren Kinder, Personen über 15 Jahren, die das 18. Lebensjahr noch nicht erreicht haben, Jugendliche.

Kinderarbeit ist grundsätzlich verboten, außer es handelt sich um ein Betriebspraktikum während der Vollzeitschulpflicht. Auch Kinder, die älter als 13 Jahre sind, dürfen mit Zustimmung der Erziehungsberechtigten leichte Tätigkeiten ausführen. Die Arbeitszeit für Jugendliche darf eine Wochenarbeitszeit von maximal 40 Stunden sowie eine tägliche Arbeitszeit von 8,5 Stunden nicht überschreiten.

---

§ 2 JarbSchG

Kind, Jugendlicher

(1) Kind im Sinne dieses Gesetzes ist, wer noch nicht 15 Jahre alt ist.

(2) Jugendlicher im Sinne dieses Gesetzes ist, wer 15, aber noch nicht 18 Jahre alt ist.

§ 5 JarbSchG

Verbot der Beschäftigung von Kindern

(1) Die Beschäftigung von Kindern (§ 2 Abs. 1) ist verboten.

(2) Das Verbot des Absatzes 1 gilt nicht für die Beschäftigung von Kindern (...)

2. im Rahmen des Betriebspraktikums während der Vollzeitschulpflicht (...)

(3) Das Verbot des Absatzes 1 gilt ferner nicht für die Beschäftigung von Kindern über 13 Jahre mit Einwilligung des Personensorgeberechtigten, soweit die Beschäftigung leicht und für Kinder geeignet ist.

§ 8 JarbSchG

Dauer der Arbeitszeit

(1) Jugendliche dürfen nicht mehr als acht Stunden täglich und nicht mehr als 40 Stunden wöchentlich beschäftigt werden.

(2) Wenn in Verbindung mit Feiertagen an Werktagen nicht gearbeitet wird, damit die Beschäftigten eine längere zusammenhängende Freizeit haben, so darf die ausfallende Arbeitszeit auf die Werktage von fünf zusammenhängenden, die Ausfalltage einschließenden Wochen nur dergestalt verteilt werden, dass die Wochenarbeitszeit im Durchschnitt dieser

fünf Wochen 40 Stunden nicht überschreitet. Die tägliche Arbeitszeit darf hierbei achteinhalb Stunden nicht überschreiten.

§ 11 JarbSchG

Ruhepausen, Aufenthaltsräume

(1) Jugendlichen müssen im Voraus feststehende Ruhepausen von angemessener Dauer gewährt werden. Die Ruhepausen müssen mindestens betragen

- 1. 30 Minuten bei einer Arbeitszeit von mehr als viereinhalb bis zu sechs Stunden,
- 2. 60 Minuten bei einer Arbeitszeit von mehr als sechs Stunden.

Als Ruhepause gilt nur eine Arbeitsunterbrechung von mindestens 15 Minuten.

§ 13 JarbSchG

Tägliche Freizeit

Nach Beendigung der täglichen Arbeitszeit dürfen Jugendliche nicht vor Ablauf einer ununterbrochenen Freizeit von mindestens 12 Stunden beschäftigt werden.

§ 14 JarbSchG

Nachtruhe

(1) Jugendliche dürfen nur in der Zeit von 6 bis 20 Uhr beschäftigt werden.

(2) Jugendliche über 16 Jahre dürfen
    1. im Gaststätten- und Schaustellergewerbe bis 22 Uhr,
    2. in mehrschichtigen Betrieben bis 23 Uhr,
    3. in der Landwirtschaft ab 5 Uhr oder bis 21 Uhr,
    4. in Bäckereien und Konditoreien ab 5 Uhr
beschäftigt werden.

(3) Jugendliche über 17 Jahre dürfen in Bäckereien ab 4 Uhr beschäftigt werden.

§ 19 JArbSchG

Urlaub

(1) Der Arbeitgeber hat Jugendlichen für jedes Kalenderjahr einen bezahlten Erholungsurlaub zu gewähren.

(2) Der Urlaub beträgt jährlich
1. mindestens 30 Werktage, wenn der Jugendliche zu Beginn des Kalenderjahrs noch nicht 16 Jahre alt ist,
2. mindestens 27 Werktage, wenn der Jugendliche zu Beginn des Kalenderjahrs noch nicht 17 Jahre alt ist,
3. mindestens 25 Werktage, wenn der Jugendliche zu Beginn des Kalenderjahrs noch nicht 18 Jahre alt ist.

§ 22 JArbSchG

Gefährliche Arbeiten

(1) Jugendliche dürfen nicht beschäftigt werden
1. mit Arbeiten, die ihre physische oder psychische Leistungsfähigkeit übersteigen,
2. mit Arbeiten, bei denen sie sittlichen Gefahren ausgesetzt sind,
3. mit Arbeiten, die mit Unfallgefahren verbunden sind, von denen anzunehmen ist, dass Jugendliche sie wegen mangelnden Sicherheitsbewusstseins oder mangelnder Erfahrung nicht erkennen oder nicht abwenden können, (...)

§ 23 JArbSchG

Akkordarbeit, tempoabhängige Arbeiten

(1) Jugendliche dürfen nicht beschäftigt werden
1. mit Akkordarbeit und sonstigen Arbeiten, bei denen durch ein gesteigertes Arbeitstempo ein höheres Entgelt erzielt werden kann, (...)

§ 24 JArbSchG

Arbeiten unter Tage

(1) Jugendliche dürfen nicht mit Arbeiten unter Tage beschäftigt werden.

(2) Absatz 1 gilt nicht für die Beschäftigung Jugendlicher über 16 Jahre, (...)

10.1.3 Das Arbeitszeitgesetz

Das Arbeitszeitgesetz (ArbZG) schützt die Arbeitnehmer dahin gehend, dass es Arbeitszeithöchstgrenzen und Pausen- sowie Ruhezeiten regelt. Es bietet dem Arbeitgeber jedoch auch die Möglichkeit, Arbeitszeiten flexibel zu gestalten, beispielsweise anhand von Betriebsvereinbarungen. Allerdings müssen dabei die Regelungen des Arbeitszeitgesetzes Beachtung finden.

§ 3 ArbZG

Arbeitszeit der Arbeitnehmer

Die werktägliche Arbeitszeit der Arbeitnehmer darf acht Stunden nicht überschreiten. Sie kann auf bis zu zehn Stunden nur verlängert werden, wenn innerhalb von sechs Kalendermonaten oder innerhalb von 24 Wochen im Durchschnitt acht Stunden werktäglich nicht überschritten werden.

§ 4 ArbZG

Ruhepausen

Die Arbeit ist durch im Voraus feststehende Ruhepausen von mindestens 30 Minuten bei einer Arbeitszeit von mehr als sechs bis zu neun Stunden und 45 Minuten bei einer Arbeitszeit von mehr als neun Stunden insgesamt zu unterbrechen. (...) Länger als sechs Stunden hintereinander dürfen Arbeitnehmer nicht ohne Ruhepause beschäftigt werden.

§ 5 ArbZG

Ruhezeit

(1) Die Arbeitnehmer müssen nach Beendigung der täglichen Arbeitszeit eine ununterbrochene Ruhezeit von mindestens elf Stunden haben.

(2) Die Dauer der Ruhezeit des Absatzes 1 kann in Krankenhäusern und anderen Einrichtungen zur Behandlung, Pflege und Betreuung von Personen, in Gaststätten und anderen Einrichtungen zur Bewirtung und Beherbergung, (...) um bis zu eine Stunde verkürzt werden, wenn jede Verkürzung der Ruhezeit innerhalb eines Kalendermonats (...) durch Verlängerung einer anderen Ruhezeit auf mindestens zwölf Stunden ausgeglichen wird.

§ 9 ArbZG

Sonn- und Feiertagsruhe

(1) Arbeitnehmer dürfen an Sonn- und gesetzlichen Feiertagen von 0 bis 24 Uhr nicht beschäftigt werden.

(2) In mehrschichtigen Betrieben mit regelmäßiger Tag- und Nachtschicht kann Beginn oder Ende der Sonn- und Feiertagsruhe um bis zu sechs Stunden vor- oder zurückverlegt werden, wenn für die auf den Beginn der Ruhezeit folgenden 24 Stunden der Betrieb ruht.

§ 10 ArbZG

Sonn- und Feiertagsbeschäftigung

(1) Sofern die Arbeiten nicht an Werktagen vorgenommen werden können, dürfen Arbeitnehmer an Sonn- und Feiertagen abweichend von § 9 beschäftigt werden

1. in Not- und Rettungsdiensten sowie bei der Feuerwehr,
2. zur Aufrechterhaltung der öffentlichen Sicherheit und Ordnung sowie der Funktionsfähigkeit von Gerichten und Behörden und für Zwecke der Verteidigung,
3. in Krankenhäusern und anderen Einrichtungen zur Behandlung, Pflege und Betreuung von Personen, (...)

§ 18 ArbZG

Nichtanwendung des Gesetzes

(1) Dieses Gesetz ist nicht anzuwenden auf

1. leitende Angestellte im Sinne des § 5 Abs. 3 des Betriebsverfassungsgesetzes sowie Chefärzte,
2. Leiter von öffentlichen Dienststellen und deren Vertreter sowie Arbeitnehmer im öffentlichen Dienst, die zu selbstständigen Entscheidungen in Personalangelegenheiten befugt sind,
3. Arbeitnehmer, die in häuslicher Gemeinschaft mit den ihnen anvertrauten Personen zusammenleben und sie eigenverantwortlich erziehen, pflegen oder betreuen,
4. den liturgischen Bereich der Kirchen und der Religionsgemeinschaften.

(2) Für die Beschäftigung von Personen unter 18 Jahren gilt anstelle dieses Gesetzes das Jugendarbeitsschutzgesetz.

10.1.4 Das Bundesurlaubsgesetz

Im Mindesturlaubsgesetz für Arbeitnehmer, auch Bundesurlaubsgesetz (BUrlG) genannt, ist geregelt, wie viele Urlaubtage pro Kalenderjahr dem Arbeitnehmer zustehen. Danach beträgt der jährliche Urlaub eines Arbeitnehmers mindestens 24 Werktage (Kalendertage, die nicht zu den gesetzlichen Feiertagen gehören und keine Sonntage sind). Der volle Urlaubsanspruch eines Arbeitnehmers wird erstmalig nach einer sechsmonatigen Betriebszugehörigkeit erworben.

Das Bundesurlaubsgesetz ist jedoch nicht Grundlage für die Ermittlung des Urlaubs der Arbeitnehmer, da für den Arbeitnehmer günstigere Vereinbarungen in den Tarifverträgen, Betriebsvereinbarungen

oder Individualarbeitsverträgen den Regelungen des Mindesturlaubs-
gesetzes für Arbeitnehmer vorgehen. Auch andere Gesetze, wie beispielsweise das Jugendarbeitsschutzgesetz, können für bestimmte
Arbeitnehmergruppen günstigere Regelungen beinhalten.

---

§ 1 BUrlG

Urlaubsanspruch

Jeder Arbeitnehmer hat in jedem Kalenderjahr Anspruch auf bezahlten
Erholungsurlaub. (...)

§ 3 BurlG

Dauer des Urlaubs

(1) Der Urlaub beträgt jährlich mindestens 24 Werktage.

(2) Als Werktage gelten alle Kalendertage, die nicht Sonn- oder gesetzliche Feiertage sind.

§ 4 BurlG

Wartezeit

Der volle Urlaubsanspruch wird erstmalig nach sechsmonatigem Bestehen des Arbeitsverhältnisses erworben. (...)

§ 9 BUrlG

Erkrankung während des Urlaubs

Erkrankt ein Arbeitnehmer während des Urlaubs, so werden die durch
ärztliches Zeugnis nachgewiesenen Tage der Arbeitsunfähigkeit auf den
Jahresurlaub nicht angerechnet.

10.2   Die betriebliche Mitbestimmung

10.2.1   Der Betriebsrat

Laut Betriebsverfassungsgesetz (BetrVG) kann in einem Unternehmen mit mindestens fünf wahlberechtigten Arbeitnehmern ein
Betriebsrat eingerichtet werden.

---

§ 1 BetrVG

Errichtung von Betriebsräten

(1) In Betrieben mit in der Regel mindestens fünf ständigen wahlberechtigten Arbeitnehmern, von denen drei wählbar sind, werden Betriebsräte gewählt. (...)

Wahlberechtigt sind Arbeitnehmer und Arbeitnehmerinnen, die das 18. Lebensjahr vollendet haben, unabhängig von deren Nationalität. Alle volljährigen Auszubildenden sowie alle Beschäftigten, die unbefristet, befristet oder in Teilzeit arbeiten, sind wahlberechtigt unabhängig davon, wie lange sie im Betrieb arbeiten. Leiharbeiter sind jedoch nur dann wahlberechtigt, wenn sie länger als drei Monate in dem entsprechenden Betrieb eingesetzt werden. Von der Wahl ausgeschlossen sind leitende Angestellte, da sich ihre Kompetenzen und ihr Einkommen deutlich vom Durchschnitt der restlichen Belegschaft abheben. Hier sieht der Gesetzgeber einen Interessenkonflikt zwischen der Arbeit des Betriebsrats und der Tätigkeit eines leitenden Angestellten.

---

§ 7 BetrVG

Wahlberechtigung

Wahlberechtigt sind alle Arbeitnehmer des Betriebs, die das 18. Lebensjahr vollendet haben. Werden Arbeitnehmer eines anderen Arbeitgebers zur Arbeitsleistung überlassen, so sind diese wahlberechtigt, wenn sie länger als drei Monate im Betrieb eingesetzt werden.

Jeder Arbeitnehmer, der zur Wahl des Betriebsrats berechtigt ist und mindestens sechs Monate im Betrieb arbeitet, kann sich zur Wahl stellen und sein passives Wahlrecht ausüben. Die Wahlen zum Betriebsrat finden alle vier Jahre zwischen dem 1. März und dem 31. Mai des entsprechenden Jahres statt. Sofern im Unternehmen noch kein Betriebsrat existiert, kann die Belegschaft jederzeit eine Wahl beantragen. Die Amtszeit eines Betriebsrats beträgt normalerweise vier Jahre.

§ 8 BetrVG

Wählbarkeit

(1) Wählbar sind alle Wahlberechtigten, die sechs Monate dem Betrieb angehören oder als in Heimarbeit Beschäftigte in der Hauptsache für den Betrieb gearbeitet haben. (...)

§ 13 BetrVG

Zeitpunkt der Betriebsratswahlen

(1) Die regelmäßigen Betriebsratswahlen finden alle vier Jahre in der Zeit vom 1. März bis 31. Mai statt. (...)

§ 21 BetrVG

Amtszeit

Die regelmäßige Amtszeit des Betriebsrats beträgt vier Jahre. (...)

Die Zahl der Arbeitnehmer entscheidet über die Größe des Betriebs-rats:

Größe des Betriebsrats	
Anzahl der Arbeitnehmer	**Anzahl der Betriebsratsmitglieder**
5 – 20	1
21 – 50	3
51 – 100	5
101 – 200	7
201 – 400	9
401 – 700	11
701 – 1.000	13
...	...
7.001 – 9.000	35

In Unternehmen, die mehr als 9.000 Arbeitnehmer beschäftigen, erhöht sich die Zahl der Betriebsratsmitglieder je angefangener weiterer 3.000 Arbeitnehmer um zwei Mitglieder. Beschäftigt ein Unternehmen mehr als 200 Arbeitnehmer, muss ein Betriebsratsmitglied von seiner Arbeit im Unternehmen freigestellt werden. Auch die Zahl der freigestellten Betriebsratsmitglieder ist abhängig von der Zahl der Arbeitnehmer:

---

§ 28 BetrVG

Freistellungen

(1) Von ihrer beruflichen Tätigkeit sind mindestens freizustellen in Betrieben mit in der Regel

200 bis 500	Arbeitnehmern ein Betriebsratsmitglied,
501 bis 900	Arbeitnehmern 2 Betriebsratsmitglieder,
901 bis 1.500	Arbeitnehmern 3 Betriebsratsmitglieder,
1.501 bis 2.000	Arbeitnehmern 4 Betriebsratsmitglieder,
2.001 bis 3.000	Arbeitnehmern 5 Betriebsratsmitglieder,
3.001 bis 4.000	Arbeitnehmern 6 Betriebsratsmitglieder,
4.001 bis 5.000	Arbeitnehmern 7 Betriebsratsmitglieder,
5.001 bis 6.000	Arbeitnehmern 8 Betriebsratsmitglieder,
6.001 bis 7.000	Arbeitnehmern 9 Betriebsratsmitglieder,
7.001 bis 8.000	Arbeitnehmern 10 Betriebsratsmitglieder,
8.001 bis 9.000	Arbeitnehmern 11 Betriebsratsmitglieder,
9.001 bis 10.000	Arbeitnehmern 12 Betriebsratsmitglieder.

In Betrieben mit über 10.000 Arbeitnehmern ist für je angefangene weitere 2.000 Arbeitnehmer ein weiteres Betriebsratsmitglied freizustellen. Freistellungen können auch in Form von Teilfreistellungen erfolgen. Diese dürfen zusammengenommen nicht den Umfang der Freistellungen nach den Sätzen 1 und 2 überschreiten. Durch Tarifvertrag oder Betriebsvereinbarung können anderweitige Regelungen über die Freistellung vereinbart werden.

10.2.2　Die Jugend- und Auszubildendenvertretung

Wenn in einem Betrieb mindestens fünf jugendliche Wahlberechtigte beschäftigt sind, kann eine Jugend- und Auszubildendenvertretung gegründet werden. Zu den Wahlberechtigten gehören alle jugendlichen Arbeitnehmer unter 18 Jahren und Auszubildende, die das 25.

Lebensjahr noch nicht vollendet haben. Als Jugend- und Auszubildendenvertreter kann sich jeder Arbeitnehmer und Auszubildender des
Betriebs wählen lassen, wenn er das 25. Lebensjahr noch nicht vollendet hat. Die Jugend- und Auszubildendenvertretung wird alle zwei
Jahre im Zeitraum vom 1. Oktober bis 30. November gewählt.

Die Zahl der zu wählenden Jugend- und Auszubildendenvertreter richtet sich nach der Zahl der Wahlberechtigten:

Größe der Jugend- und Auszubildendenvertretung	
Anzahl der Wahlberechtigten	**Anzahl der Jugend- und Auszubildendenvertreter**
5 – 20	1
21 – 50	3
51 – 150	5
151 – 300	7
301 – 500	9
501 – 700	11
701 – 1000	13
mehr als 1000	15

§ 60 BetrVG

Errichtung und Aufgabe

(1) In Betrieben mit in der Regel mindestens fünf Arbeitnehmern, die das
18. Lebensjahr noch nicht vollendet haben (jugendliche Arbeitnehmer)
oder die zu ihrer Berufsausbildung beschäftigt sind und das 25. Lebensjahr noch nicht vollendet haben, werden Jugend- und Auszubildenden-
vertretungen gewählt.

(2) Die Jugend- und Auszubildendenvertretung nimmt nach Maßgabe
der folgenden Vorschriften die besonderen Belange der in Absatz 1 genannten Arbeitnehmer wahr.

> **§ 61 BetrVG**
>
> **Wahlberechtigung und Wählbarkeit**
>
> (1) Wahlberechtigt sind alle in § 60 Abs. 1 genannten Arbeitnehmer des Betriebs.
>
> (2) Wählbar sind alle Arbeitnehmer des Betriebs, die das 25. Lebensjahr noch nicht vollendet haben; (...). Mitglieder des Betriebsrats können nicht zu Jugend- und Auszubildendenvertretern gewählt werden. (...)
>
> **§ 64 BetrVG**
>
> **Zeitpunkt der Wahlen und Amtszeit**
>
> (1) Die regelmäßigen Wahlen der Jugend- und Auszubildendenvertretung finden alle zwei Jahre in der Zeit vom 1. Oktober bis 30. November statt. (...)
>
> (2) Die regelmäßige Amtszeit der Jugend- und Auszubildendenvertretung beträgt zwei Jahre. (...)

10.2.3 Die Rechte des Betriebsrats

Um seine Aufgaben ausüben zu können, stehen dem Betriebsrat bestimmte Rechte zur Verfügung. Je nach Angelegenheit sind dies:

- Informationsrecht
- Beratungsrecht
- Widerspruchsrecht
- Mitbestimmungsrecht

Rechte des Betriebsrats bei personellen Angelegenheiten

Will der Arbeitgeber eine Kündigung aussprechen, muss er vorher den Betriebsrat anhören. Dieser kann innerhalb einer Woche seine Bedenken äußern bzw. Widerspruch einlegen. Spricht der Arbeitgeber einem Arbeitnehmer die Kündigung aus und verzichtet dabei auf die Anhörung des Betriebsrats, ist diese Kündigung unwirksam.

Verweigert der Betriebsrat nach seiner Anhörung die Zustimmung zu einer Kündigung, kann der Arbeitgeber die Entlassung über das Arbeitsgericht durchsetzen. Der Betriebsrat kann also die Kündigung eines Arbeitnehmers zwar verzögern, aber nicht völlig verhindern.

Rechte des Betriebsrats bei wirtschaftlichen Angelegenheiten

Will das Unternehmen beispielsweise Teile der Produktion ins Ausland verlagern, neue maschinelle Anlagen anschaffen oder sein Produktprogramm diversifizieren, muss der Arbeitgeber in diesen wirtschaftlichen Angelegenheiten den Betriebsrat unterrichten. Er benötigt jedoch weder eine Stellungnahme noch eine Zustimmung des Betriebsrats.

Rechte des Betriebsrats bei sozialen Angelegenheiten

Im Falle sozialer Angelegenheiten, zu denen die Festlegung des Beginns und des Endes der täglichen Arbeitszeit gehört, die Festlegung der Pausen, des Urlaubs sowie Überstunden und das Verwalten der Betriebskantine, können Arbeitgeber und Betriebsrat nur gemeinsam eine Entscheidung treffen. Wird keine Einigung erreicht, entscheidet die Einigungsstelle, bestehend aus einem unparteiischen Vorsitzenden und einer gleichen Anzahl von Beisitzern vonseiten des Arbeitgebers und des Betriebsrats. Vor dem ersten Zusammentreffen der Einigungsstelle muss der unparteiische Vorsitzende von beiden Seiten akzeptiert werden. Im Streitfall entscheidet das Arbeitsgericht über die Person des Vorsitzenden.

Bei sozialen Fragen reichen die Mitbestimmungsrechte des Betriebsrats am weitesten. Der Arbeitgeber kann in der Einigungsstelle sogar überstimmt werden.

---

§ 87 BetrVG

Mitbestimmungsrechte

(1) Der Betriebsrat hat, soweit eine gesetzliche oder tarifliche Regelung nicht besteht, in folgenden Angelegenheiten mitzubestimmen:

1. Fragen der Ordnung des Betriebs und des Verhaltens der Arbeitnehmer im Betrieb;
2. Beginn und Ende der täglichen Arbeitszeit einschließlich der Pausen sowie Verteilung der Arbeitszeit auf die einzelnen Wochentage;
3. vorübergehende Verkürzung oder Verlängerung der betriebsüblichen Arbeitszeit;
4. Zeit, Ort und Art der Auszahlung der Arbeitsentgelte;
5. Aufstellung allgemeiner Urlaubsgrundsätze und des Urlaubsplans sowie die Festsetzung der zeitlichen Lage des Urlaubs für einzelne Arbeitnehmer, wenn zwischen dem Arbeitgeber und den beteiligten Arbeitnehmern kein Einverständnis erzielt wird; (...)

(2) Kommt eine Einigung über eine Angelegenheit nach Absatz 1 nicht zustande, so entscheidet die Einigungsstelle. Der Spruch der Einigungsstelle ersetzt die Einigung zwischen Arbeitgeber und Betriebsrat. (...)

§ 90 BetrVG

Unterrichtungs- und Beratungsrechte

Der Arbeitgeber hat den Betriebsrat über die Planung

1. von Neu-, Um- und Erweiterungsbauten von Fabrikations-, Verwaltungs- und sonstigen betrieblichen Räumen,
2. von technischen Anlagen,
3. von Arbeitsverfahren und Arbeitsabläufen oder
4. der Arbeitsplätze

rechtzeitig unter Vorlage der erforderlichen Unterlagen zu unterrichten. (...)

§ 102 BetrVG

Mitbestimmung bei Kündigungen

(1) Der Betriebsrat ist vor jeder Kündigung zu hören. Der Arbeitgeber hat ihm die Gründe für die Kündigung mitzuteilen. Eine ohne Anhörung des Betriebsrats ausgesprochene Kündigung ist unwirksam.

(2) Hat der Betriebsrat gegen eine ordentliche Kündigung Bedenken, so hat er diese unter Angabe der Gründe dem Arbeitgeber spätestens innerhalb einer Woche schriftlich mitzuteilen. Äußert er sich innerhalb dieser Frist nicht, gilt seine Zustimmung zur Kündigung als erteilt. Hat der Betriebsrat gegen eine außerordentliche Kündigung Bedenken, so hat er diese unter Angabe der Gründe dem Arbeitgeber unverzüglich, spätestens jedoch innerhalb von drei Tagen, schriftlich mitzuteilen. Der Betriebsrat soll, soweit dies erforderlich erscheint, vor seiner Stellungnahme den betroffenen Arbeitnehmer hören. (...)

(5) Hat der Betriebsrat einer ordentlichen Kündigung frist- und ordnungsgemäß widersprochen, und hat der Arbeitnehmer nach dem Kündigungsschutzgesetz Klage auf Feststellung erhoben, dass das Arbeitsverhältnis durch die Kündigung nicht aufgelöst ist, so muss der Arbeitgeber auf Verlangen des Arbeitnehmers diesen nach Ablauf der Kündigungsfrist bis zum rechtskräftigen Abschluss des Rechtsstreits bei unveränderten Arbeitsbedingungen weiterbeschäftigen. Auf Antrag des Arbeitgebers kann das Gericht ihn durch einstweilige Verfügung von der Verpflichtung zur Weiterbeschäftigung nach Satz 1 entbinden, wenn

1. die Klage des Arbeitnehmers keine hinreichende Aussicht auf Erfolg bietet oder mutwillig erscheint oder
2. die Weiterbeschäftigung des Arbeitnehmers zu einer unzumutbaren wirtschaftlichen Belastung des Arbeitgebers führen würde oder
3. der Widerspruch des Betriebsrats offensichtlich unbegründet war.

10.2.4 Die Rechte der Jugend- und Auszubildendenvertretung

Die Jugend- und Auszubildendenvertreter können an allen Sitzungen des Betriebsrats teilnehmen und dort die Probleme der Auszubildenden und der jugendlichen Beschäftigten vortragen. Bei allen Anträgen, die ihre Wahlberechtigten betreffen, haben sie auch ein Stimmrecht.

In Gesetzen wie dem Bundesurlaubsgesetz, dem Arbeitszeitgesetz oder dem Jugendarbeitsschutzgesetz, den Tarifverträgen und Betriebsvereinbarungen werden den Auszubildenden und Jugendlichen zahlreiche Rechte eingeräumt, so beispielsweise Urlaubs- und Pausenregelungen. Die Information und Geltendmachung dieser Rechte gegenüber dem Arbeitgeber gehört zu den wichtigsten Aufgaben der Jugend- und Auszubildendenvertretung.

10.2.5 Betriebsvereinbarungen

Zwischen dem Arbeitgeber und dem Betriebsrat können verschiedene Betriebsvereinbarungen festgelegt werden, welche die gesetzlichen und tarifvertraglichen Regelungen für das Unternehmen konkretisieren. Sie müssen schriftlich abgeschlossen werden und können mit einer Frist von drei Monaten gekündigt werden. Betriebsvereinbarungen können folgende Bereiche im Unternehmen konkretisieren:

- Art der Entlohnung
- Überstunden
- Arbeitszeit, Pausen und Urlaub
- Sozialeinrichtungen
- Rauch- und Alkoholverbot

Die durch den Tarifvertrag geregelten Arbeitsentgelte und sonstigen Arbeitsbedingungen dürfen in einer Betriebsvereinbarung nicht konkretisiert werden. Dies gilt jedoch nicht, wenn in einem Tarifvertrag der Abschluss ergänzender Betriebsvereinbarungen ausdrücklich zugelassen ist.

Die Betriebsvereinbarungen gelten zwingend für alle Arbeitnehmer eines Unternehmens. Ein zwischen dem Arbeitnehmer und Arbeitgeber individuell ausgehandelter Arbeitsvertrag darf den Arbeitnehmer nicht schlechter stellen. Arbeitnehmer können auf ihre in den Betriebsvereinbarungen geregelten Rechte nur dann verzichten, wenn der Betriebsrat zustimmt. Wenn der Arbeitnehmer einzelvertraglich günstigere Regelungen für sich aushandeln kann, gehen diese der Betriebsvereinbarung vor. Betriebsvereinbarungen müssen für jeden Arbeitnehmer des Unternehmens problemlos einsehbar sein.

In jedem Kalendervierteljahr muss der Betriebsrat eine Betriebsversammlung einberufen, zu der er auch den Arbeitgeber einladen muss, und über seine Arbeit Bericht erstatten.

---

§ 43 BetrVG

Regelmäßige Betriebs- und Abteilungsversammlungen

(1) Der Betriebsrat hat einmal in jedem Kalendervierteljahr eine Betriebsversammlung einzuberufen und in ihr einen Tätigkeitsbericht zu erstatten. (...)

(2) Der Arbeitgeber ist zu den Betriebs- und Abteilungsversammlungen unter Mitteilung der Tagesordnung einzuladen. Er ist berechtigt, in den Versammlungen zu sprechen. (...)

§ 77 BetrVG

Durchführung gemeinsamer Beschlüsse, Betriebsvereinbarungen

(...)

(2) Betriebsvereinbarungen sind von Betriebsrat und Arbeitgeber gemeinsam zu beschließen und schriftlich niederzulegen. Sie sind von beiden Seiten zu unterzeichnen; dies gilt nicht, soweit Betriebsvereinbarungen auf einem Spruch der Einigungsstelle beruhen. Der Arbeitgeber hat die Betriebsvereinbarungen an geeigneter Stelle im Betrieb auszulegen.

(3) Arbeitsentgelte und sonstige Arbeitsbedingungen, die durch Tarifvertrag geregelt sind oder üblicherweise geregelt werden, können nicht Gegenstand einer Betriebsvereinbarung sein. Dies gilt nicht, wenn ein Tarifvertrag den Abschluss ergänzender Betriebsvereinbarungen ausdrücklich zulässt.

(4) Betriebsvereinbarungen gelten unmittelbar und zwingend. Werden Arbeitnehmern durch die Betriebsvereinbarung Rechte eingeräumt, so ist ein Verzicht auf sie nur mit Zustimmung des Betriebsrats zulässig. Die Verwirkung dieser Rechte ist ausgeschlossen. Ausschlussfristen für ihre Geltendmachung sind nur insoweit zulässig, als sie in einem Tarifvertrag oder einer Betriebsvereinbarung vereinbart werden; dasselbe gilt für die Abkürzung der Verjährungsfristen.

(5) Betriebsvereinbarungen können, soweit nichts anderes vereinbart ist, mit einer Frist von drei Monaten gekündigt werden.

Aufgaben zur Selbstkontrolle

1. Welche Aussagen zum Jugendarbeitsschutzgesetz sind falsch?
   a) Kind im Sinne des Gesetzes ist, wer noch nicht 16 Jahre alt ist.
   b) Jugendliche über 17 Jahre dürfen in Bäckereien ab 4 Uhr beschäftigt werden.
   c) Der Arbeitgeber muss Jugendlichen bezahlten Erholungsurlaub gewähren.
   d) Jugendliche dürfen Akkordarbeit betreiben.
   e) Jugendliche über 16 Jahre dürfen mit Arbeiten unter Tage beschäftigt werden.
   f) Jugendliche unter 16 Jahre dürfen mit Arbeiten unter Tage beschäftigt werden.

2. Sie arbeiten in einem Unternehmen der Sportindustrie, welches folgende Mitarbeiterstruktur hat:

Alter der Mitarbeiter	Gesamtanzahl	Mitarbeiter mit weniger als sechs Monaten Betriebszugehörigkeit	Mitarbeiter mit Arbeitsvertrag	Mitarbeiter mit Ausbildungsvertrag	Mitarbeiter mit ausländischer Staatsangehörigkeit
unter 18 Jahren	14	4	4	10	0
18 bis 25 Jahre	46	4	36	10	6
über 25 Jahre	94	10	80	14	14

   a) Wie viele Mitarbeiter sind bei der Betriebsratswahl stimmberechtigt?
   b) Wie viele Mitarbeiter dürfen sich als Betriebsratsmitglied zur Wahl stellen?
   c) Wie viele Mitarbeiter wären im Betriebsrat?
   d) Wie viele Mitarbeiter wären in der Jugend- und Auszubildendenvertretung?
   e) Wie viele Mitarbeiter dürften für die Jugend- und Auszubildendenvertretung kandidieren?
   f) Sind alle Auszubildenden für die Wahl zur Jugend- und Auszubildendenvertretung stimmberechtigt?

3. Bert Brüderbach ist Geschäftsführer der Spielzeug GmbH. Er hat sich zahlreiche Maßnahmen überlegt, um das Unternehmen etwas wirtschaftlicher zu machen. In einer Sitzung informiert er den Betriebsrat über die geplanten Maßnahmen. Welche von ihnen kann er vornehmen, ohne die Zustimmung des Betriebsrats einholen zu müssen?
   a) Zunächst will er die Öffnungszeiten der Kantine verkürzen, um Geld einzusparen. Die Kantine soll nun von 12.00 Uhr bis 13.00 Uhr geöffnet sein, anstatt von 12.00 Uhr bis 14.00 Uhr.
   b) Brüderbach will investieren, um sein Unternehmen wieder auf Vordermann zu bringen. Daher strebt er an, eine neue Produktionshalle am anderen Ende der Stadt zu bauen.
   c) Damit die Produktion in den Hochphasen Sommer und Winter (wegen Weihnachten) auf Hochtouren laufen kann, soll in dieser Zeit kein Urlaub genommen werden dürfen.
   d) Brüderbach will Gleitzeit einführen.
   e) Die Mittagspause soll nur noch zwischen 12.00 Uhr und 14.00 Uhr genommen werden dürfen.
   f) Die Meister in der Werkstatt sollen trotz der Gleitzeit zu bestimmten Kernarbeitszeiten anwesend sein.
   g) Brüderbach will **zwei** Produktionsmitarbeiter entlassen, weil neue Maschinen eingeführt werden sollen, die menschliche Arbeitskraft ersetzen.

11 Personalverwaltung

Die Personalverwaltung wird von der Personalabteilung wahrgenommen und umfasst alle verwalterischen Aufgaben, die sich auf das Personal beziehen. Typische Aufgaben sind dabei:
- Verwalten der Personalakte
- Verwalten der Personaldaten
- Verwalten der Arbeitszeiten (Urlaubszeit, Überstunden, Fehlzeiten etc.)
- Vertragsangelegenheiten zum Arbeitsvertrag (Einstellung, Umgruppierung, Kündigung)
- Lohn- und Gehaltsabrechnung (Entgeltabrechnung)
- Bearbeitung von Sozialabgaben und Ausgleichsabgabe

Eine gute Personalverwaltung zeichnet sich zum einen dadurch aus, dass sie wenig Fehler zulässt, so z.B. durch die genaue Erfassung der Urlaubstage oder die korrekte Lohn- und Gehaltsabrechnung, zum anderen dadurch, dass sie den Verwaltungsaufwand selbst gering hält, da der verwalterischen Tätigkeit in der Personalabteilung zunächst keine Wertschöpfung gegenübersteht.

Zur „Verschlankung" der Personalverwaltung gibt es aus diesem Grund mittlerweile weitreichende Softwareprodukte, die je nach Ausgestaltung das Aufgabengebiet der Personalverwaltung erweitern, indem sie das leitende Management mit Steuerungswissen zum Personal versorgen.

11.1   Die Personalstammdaten

Die Personalstammdaten sind die persönlichen Daten des Mitarbeiters, so z.B.:

- Anschrift
- Familienstand
- Anzahl der Kinder
- Steuerklasse
- Bankverbindung
- Beginn des Beschäftigungsverhältnisses
- gegenwärtiger Arbeitsplatz
- gegenwärtige Eingruppierung für die Entgeltabrechnung

Diese Daten müssen sorgfältig gepflegt werden. So sind z.B. die Daten zum Familienstand und der Anzahl der Kinder bei Kündigungen äußerst relevant (siehe Kapitel 9.3.3).

Die Stammdaten ergeben in der Regel das Deckblatt der Personalakte.

11.2   Die Personalakte

11.2.1   Inhalt der Personalakte

In größeren Unternehmen wird die Personalakte mittlerweile in elektronischer Form geführt. Es gibt keine exakten Vorgaben dazu, was eine Personalakte enthalten muss. Der Arbeitgeber bestimmt in der Regel, welche Inhalte er aufnehmen möchte. Eine elektronische Personalakte hat mehrere Kapitel mit folgenden Themen:

Inhalt einer elektronischen Personalakte	
persönliche Unterlagen und Stammdaten	• Stammdatenblatt • Bewerbungsunterlagen (inklusive einge- reichter Arbeitszeugnisse früherer Arbeit- geber sowie Schulzeugnisse) • Berufsabschlusszeugnisse • unterschriebene Erklärung zu Nebenbe- schäftigungen • Geburtsurkunden der Kinder • Heiratsurkunde
Sozialversicherung und Steuern	• Sozialversicherungsausweis • Krankenkassenanmeldung • Lohn- und Gehaltsabrechnungen (Ablage je Monat) • Nachweis zur Anlage vermögenswirksamer Leistungen • Unterlagen für Lohnsteuer
Personalmanagement	• Arbeitsvertrag • Stellenbeschreibung • Protokolle von Mitarbeitergesprächen • Arbeitszeitprotokolle (dokumentierte Fehl- zeiten, Urlaubsblatt, Überstunden etc.) • Weiterbildungsnachweise • Personalentwicklungsplan • ggf. „In-house"-Bewerbungsunterlagen • Abmahnungen

Zu der oben beschriebenen Personalakte kann es noch eine sog. Nebenakte geben, in der sehr sensible Dokumente (z.B. zu Gerichtsurteilen, Arbeitsvergehen, längerfristigen Krankheiten) abgelegt sind. Eine Nebenakte wird in der Weise abgelegt, dass bei der gewöhnlichen Personalsachbearbeitung diese Dokumente nicht sichtbar werden. Bei der Personalakte in Papierform kann dies z.B. über einen verschließbaren Umschlag, bei der elektronischen Personalakte z.B. über einen Unterordner mit Passwortschutz geregelt werden.

11.2.2 Einsichtnahme in die Personalakte

Mitarbeiter haben ein Recht darauf, jederzeit in ihre Personalakte Einblick zu nehmen. Der Mitarbeiter braucht hierzu keinen Grund zu nennen. Auch nach Beendigung des Arbeitsverhältnisses hat der ehemalige Mitarbeiter das Recht, Einblick in die Personalakte zu nehmen. Hier muss er die Einsichtnahme aber begründen. Der Betrieb kann jedoch auch Sprechstunden festlegen, in denen die Einsichtnahme erfolgen kann (i.d.R. gibt es in größeren Unternehmen hierzu Betriebsvereinbarungen). Die Einsichtnahme ist immer in Begleitung eines Personalverantwortlichen vorzunehmen. Der Mitarbeiter kann zur Einsichtnahme auch betriebsfremde Personen (z.B. einen Rechtsanwalt) oder Vertreter des Betriebsrats heranziehen. Die Akte ist von Arbeitgeberseite immer vollständig vorzulegen. Ein Fehlverhalten des Arbeitgebers ist gegeben, wenn Unterlagen vor der Einsichtnahme entfernt und später wieder in die Personalakte gelegt werden. Personalakten sind immer vertraulich zu behandeln. Dritte haben grundsätzlich kein Recht auf eine Einsichtnahme. Auch der Personal- oder Betriebsrat oder Behörden haben im Regelfall keinen Zugriff.

11.2.3 Kopieren, Hinzufügen und Entfernen von Dokumenten aus der Personalakte

Da der Mitarbeiter kein Recht darauf hat, die gesamte Personalakte mit nach Hause zu nehmen, wird ihm eingeräumt, Dokumente aus der Personalakte zu kopieren, damit er z.B. in einem Rechtsstreit entsprechende Unterlagen vorher mit seinem Anwalt besprechen kann.

Der Mitarbeiter kann ebenso Dokumente der Personalakte hinzufügen. Dies kann unproblematische Ursachen haben (z.B. Hinzufügen einer bislang fehlenden Geburtsurkunde eines Kindes). Viel mehr Gewicht hat jedoch das Hinzufügen von Stellungnahmen, wenn der Mitarbeiter abgemahnt wurde. Hier kann der Mitarbeiter auch noch nach einiger Zeit eine Stellungnahme der Personalakte hinzufügen, damit bei späteren Beurteilungsanlässen der Sachverhalt besser eingeschätzt werden kann.

Das Entfernen von Unterlagen aus der Personalakte kann der Mitarbeiter verlangen, wenn es z.B. keine Grundlage mehr für ein bestimmtes Dokument gibt. So sind Abmahnungen, die im Nachhinein vom Arbeitgeber zurückgenommen wurden, aus der Personalakte zu entfernen. Aber auch gültige Abmahnungen dürfen nicht „auf ewig" in der Personalakte bleiben. Abmahnungen haben eine erzieherische Funktion und gelten als Warnschuss für ein Fehlverhalten. Hat der Mitarbeiter sich dann über eine längere Zeit untadelig verhalten, so ist die Abmahnung aus der Personalakte zu nehmen. Die Zeitdauer für das Wohlverhalten des Mitarbeiters ist gesetzlich nicht einheitlich bestimmt, in der Rechtsprechung ist eine Zeitdauer von zwölf bis 42 Monaten zu finden.

11.3 Datenschutz für die Personaldaten

Arbeitnehmer haben aufgrund allgemeiner Persönlichkeitsrechte ein Recht auf den Schutz ihrer Daten. So müssen personenbezogene Mitarbeiterdaten gegenüber unbefugter Einsichtnahme Dritter geschützt werden. Nur die unmittelbar betrauten Personalsachbearbeiter sowie die Vorgesetzten des Mitarbeiters können Einblick in die Daten des Mitarbeiters nehmen. Dem Arbeitgeber kommt hierbei die Verantwortung zu, für entsprechende Sicherheitsvorkehrungen zu sorgen.

Als rechtliche Basis gibt es verschiedene Gesetze, die den Datenschutz für Personaldaten regeln. Zum einen ist das Bundesdatenschutzgesetz (BDSG) zu nennen, das generell zum sorgfältigen Umgang mit personenbezogenen Daten verpflichtet. Das Bundesdatenschutzgesetz gilt dabei nicht nur für den Personalbereich, sondern umfasst alle personenbezogenen Daten, z.B. auch in der Marktforschung. Da jedoch die Daten, ihre Erfassung und Verarbeitung bei Arbeitnehmern aufgrund des Abhängigkeitsverhältnisses zum Arbeitgeber eine besonders hohe Sensibilität aufweisen, wird gegenwärtig an einer Überarbeitung des Bundesdatenschutzgesetzes gearbeitet, das um ein Beschäftigtendatenschutzgesetz (BDatG) ergänzt werden soll (Stand März 2011). Das Gesetz hat das Ziel, den Umgang mit Beschäftigtendaten auf eine rechtssichere Basis zu stellen, den Arbeitnehmer vor Bespitzelungen durch den Arbeitgeber zu schützen, aber auch dem Arbeitgeber eine bessere Grundlage zu schaffen, gegen Korruption am Arbeitsplatz vorzugehen. Das Gesetz soll sich dabei auf alle Phasen der Datenverarbeitung beziehen (sog. EVA-Prinzip: Erhebung, Verarbeitung und Auswertung) und soll die folgenden Pflichten umfassen, die gegenwärtig schon in anderen Rechtsquellen oder durch Richterrecht begründet sind:

● Der Arbeitgeber muss Beschäftigte über eine Videoüberwachung unterrichten (Betriebsrat ist mitbestimmungsberechtigt).

● Der Arbeitgeber darf die Einstellung eines Mitarbeiters von den Ergebnissen einer Gesundheitsüberprüfung abhängig machen, wenn die auszuübende Tätigkeit eine entsprechende Eignung unabdingbar voraussetzt. Die vollständigen Ergebnisse sind zurückzumelden.

- Alle Daten sind bei dem Mitarbeiter selbst zu erheben. Möchte der Arbeitgeber darüber hinaus noch weitere Daten sammeln (z.B. über einen Bewerber), so muss er dies mitteilen. Das Sammeln von weiteren Daten bezieht sich auf allgemein zugängliche Daten. So können Arbeitgeber auch soziale Netzwerke (z.B. Facebook) nutzen, um Erkenntnisse über einen Bewerber zu erlangen. Dem Beschäftigten ist auf Verlangen über den Inhalt der erhobenen Daten Auskunft zu erteilen.
- Der Arbeitgeber darf Daten von Mitarbeitern ohne deren Kenntnis nur dann erheben, wenn ein begründeter Verdacht gegenüber dem einzelnen Mitarbeiter besteht, dass er im Beschäftigungsverhältnis eine Straftat oder eine andere schwerwiegende Pflichtverletzung begangen hat, und die Maßnahmen notwendig sind, um diese Straftat aufzudecken.
- Stellt die politische oder religiöse Weltanschauung einen wesentlichen Teil der beruflichen Anforderung dar, so ist es kirchlichen oder politischen Organisationen gestattet, darüber Daten zu erheben (z.B. findet die SPD heraus, dass ein potenzieller Mitarbeiter für die Öffentlichkeitsarbeit Mitglied der NPD ist).

Dies sind einige exemplarische Darstellungen, welche Schutzfunktionen das Datenschutzrecht erfüllt. Der Datenschutz ist ein hohes Gut in Unternehmen, aus dessen Verletzung schwerwiegende Ansprüche abgeleitet werden können.

11.4 Personalcontrolling

11.4.1 Controllingbegriff

Der Begriff „Controlling" bezeichnet ein Unternehmenskonzept, mit dem versucht wird, die Unternehmensprozesse zu planen und zu steuern, um eine höchstmögliche Wirtschaftlichkeit und Zielerreichung im Unternehmen zu erreichen. Beim Controlling handelt es sich um eine Funktion des Managements, durch die eine koordinierte Informationsversorgung im Unternehmen gewährleistet werden soll.

Das Controlling hat dabei folgende Aufgabenfelder:
- Feststellung des bestehenden Informationsbedarfs,
- Verknüpfung relevanter Informationsquellen,
- Informationsaufbereitung für die jeweiligen Fragestellungen.

Das Controlling hilft damit, Entscheidungen im Unternehmen auf der Basis von Daten zu fällen, und ist Ausgangsbasis und Anknüpfungspunkt für eventuelle Veränderungen und Verbesserungen im Unternehmen. Controlling ist mehr als Kontrolle der Arbeitsprozesse, es stellt einen Steuerungsprozess dar, der mithilfe der Informationsverarbeitung die Daten im Unternehmen für Entscheidungen zusammenfasst und Prognosen zur Unternehmensentwicklung zulässt. Dies geschieht oft mittels Kennzahlen, bei denen vorhandene Daten zueinander ins Verhältnis gesetzt werden und deren längerfristiger Vergleich Interpretationen zulässt.

11.4.2 Aufgaben des Personalcontrollings

Das Personalcontrolling steht im Dienst des Unternehmenscontrollings und ist ein Funktionsbereich des Personalwesens. Im Fokus des Personalcontrollings steht die Belegschaft, nicht aber einzelne Mitarbeiter. Es unterstützt das Personalmanagement in den Bereichen Analyse, Planung und Steuerung.

Das Personalcontrolling verarbeitet in der Regel Daten zu folgenden Gegenstandsbereichen, die helfen, Entscheidungen vorzubereiten:
- Kostenstruktur des Personals
- Personalplanung
- Kennziffernermittlung
- Bildungsbedarfsanalyse
- Bildungscontrolling (Effektivität von Weiterbildungsmaßnahmen)
- Mitarbeiterzahlen
- Erhebung von Stimmungsbildern

11.4.3 Der Controllingzyklus im Personalcontrolling

Die durch das Controlling erfassten Daten dienen zum einen der Kontrolle, indem ergriffene Maßnahmen hinsichtlich ihrer Effektivität beurteilt werden können, zum anderen der Planung und Steuerung, indem aus den Daten Prognosen gezogen werden, die zukunftsorientierte Maßnahmen untermauern. Dies sind keine voneinander getrennt ablaufenden Funktionen. Das folgendes Schaubild soll das Zusammenspiel verdeutlichen:

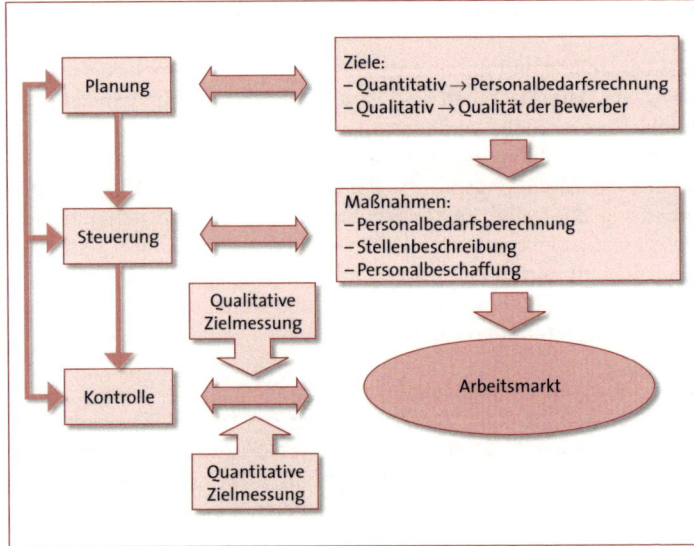

Abb. 11.1: Personalcontrolling am Beispiel der Deckung des Personalbedarfs

Die Zielerreichung im Controllingzyklus läuft nach dem folgenden Schema ab:

Planung: Die Planung legt die Unternehmensziele fest. Unternehmensziele sind Sollziele, die von der Unternehmensführung angestrebt werden. Im Bezug auf das Personalwesen wird der Bedarf vorgegeben, der erreicht werden soll. Zudem wird das Qualifikationsprofil benannt, das von Bewerbern zur Ausführung der Aufgaben erfüllt werden muss.

Steuerung: In der Steuerung werden Maßnahmen festgelegt, um die von der Planung gesteckten Ziele zu erreichen. Diese Maßnahmen werden an das operative Management gegeben und dort ausgeführt (z.B. Ausschreibung von Stellenangeboten, um den von der Planung festgelegten Bedarf zu erreichen).

Kontrolle: Mit der Kontrolle wird untersucht, inwieweit die Planung realistisch war und die Steuerung effektive Maßnahmen ergriffen hat. Die Effektivität von Maßnahmen wird sehr oft über Kennzahlen – besonders über den periodischen Kennzahlenvergleich – gemessen. Dies wird als quantitative Zielerreichung bezeichnet. Nicht jedes Ziel lässt sich jedoch rein quantitativ messen, weshalb im Controlling die qualitative Zielerreichung wichtig ist. Hier beurteilen Entscheider verbal, wie stark eine Maßnahme gewirkt hat.

Beispiel

Die Fitness AG sucht für den Ausbau des Kursangebotes ihrer Fitnessstudios im Großraum München zehn Fitnesstrainer, die in den Wellness-Sportarten Yoga, Pilates und Qigong ausgebildet sind. Diese Kurse wurden neu geplant und daraus der Bedarf an neuen Trainern im Rahmen einer Personalbedarfsplanung abgeleitet. Die Planung gibt auch vor, welche qualitativen Kriterien die Bewerber erfüllen müssen. Es sollen nur offizielle Trainer- und Ausbildungslizenzen akzeptiert werden.

Bei der Steuerung der Maßnahmen wird nun versucht, die von der Planung gesteckten Ziele zu erreichen. Die Stellenbeschreibungen geben das Profil für die Stellenanzeigen vor.

Die Kontrolle zeigt den Erfolg der ergriffenen Maßnahmen. So wird es dem Personalverantwortlichen der Fitness AG schnell deutlich, dass die Stellenbeschreibung nicht der Bewerbersituation entspricht. Aus diesem Grund wird die Planung korrigiert, die Bewerber müssen nicht mehr in allen genannten Wellness-Sportarten ausgebildet sein. Es genügt, wenn sie in einer davon Kenntnisse vorweisen können.

Mit dieser erneuten Planvorgabe wird der Controllingzyklus bereits ein zweites Mal durchlaufen. Die Maßnahmen der Steuerung greifen nun besser, was zu einer besseren Bewerberlage führt.

11.5 Personalstatistik und Kennziffern

Die Personalstatistik unterstützt das Personalcontrolling mithilfe von Kennziffern. Durch den Vergleich der ermittelten Kennzahlen mit Kennzahlen früherer Perioden, anderer Abteilungen oder anderer Betriebe lässt sich die Aussagekraft der Personalstatistik erhöhen.

Die Kennzahlen lassen sich folgenden Hauptbereichen zuordnen:
- Personalbestand und -entwicklung,

- Altersstruktur des Personals,
- Personalan- und -abwesenheit,
- Fluktuation,
- Personal- und Sozialaufwand.

11.5.1 Personalbestand und -entwicklung
Zu erfassen ist der Personalbestand idealerweise nach dem Geschlecht, nach Arbeitern und Angestellten, In- und Ausländern und – in größeren Unternehmen – zusätzlich nach Abteilungen und Aufgabenbereichen. Anhand einer durchgängigen Erfassung der Veränderungen im Personalbestand kann dessen Entwicklung dargestellt werden. Soll der durchschnittliche Personalbestand pro Jahr errechnet werden, so geschieht dies anhand folgender Formel:

$$\frac{\text{Monatsanfangsbestand} + 12\ \text{Monatsendbestände}}{13}$$

Auf Grundlage der Personalbestandsstatistik können weitere Kennzahlen errechnet werden:

- Prozentualer Anteil von Männern bzw. Frauen an der gesamten Belegschaft:

$$\frac{\text{Männliche Mitarbeiter} \cdot 100}{\text{Gesamtbelegschaft}}$$

$$\frac{\text{Weibliche Mitarbeiter} \cdot 100}{\text{Gesamtbelegschaft}}$$

- Prozentualer Anteil von Inländern bzw. Ausländern an der gesamten Belegschaft:

$$\frac{\text{Inländer} \cdot 100}{\text{Gesamtbelegschaft}}$$

$$\frac{\text{Ausländer} \cdot 100}{\text{Gesamtbelegschaft}}$$

- Verhältnis von Arbeitern zur Gesamtbelegschaft in Prozent:

$$\frac{\text{Arbeiter} \cdot 100}{\text{Gesamtbelegschaft}}$$

● Entwicklung von Aus- und Weiterbildungskosten:

$$\text{Ausbildungskosten pro Auszubildendem} = \frac{\text{Summe der Kosten für die Berufsausbildung}}{\text{Anzahl der Auszubildenden}}$$

Beispiel

Die Geschäftsleitung der Maschinenbau GmbH möchte von der Personalabteilung einen statistischen Überblick über die Entwicklung der Struktur des Personals erhalten. Das Personalcontrolling liefert folgende Zahlen in Bezug auf die letzten drei Geschäftsjahre:

Kennzahl	GJ 01	GJ 02	GJ 03
Anteil männliche Mitarbeiter	(380 / 430) · 100 = 88,37 %	(360 / 420) · 100 = 85,71 %	(380 / 420) · 100 = 90,47 %
Verhältnis Arbeiter/Gesamtbelegschaft	(290 / 430) · 100 = 67,44 %	(280 / 420) · 100 = 66,67 %	(300 / 420) · 100 = 71,43 %

Folgende wirtschaftliche Entwicklung steckt hinter den Zahlen: Im Geschäftsjahr 01 hat sich die Geschäftsentwicklung bedingt durch die Finanzkrise merklich verschlechtert. Aus diesem Grund musste die Belegschaft reduziert werden, was vor allen Dingen die Arbeiter in der Produktion getroffen hat. Dies ist an der Verschlechterung des Verhältnisses der Arbeiter zu den Angestellten erkennbar, zudem ging der Anteil der männlichen Mitarbeiter geringfügig zurück. Im Geschäftsjahr 03 konnte die Krise überwunden werden. Die überraschend gute Auftragslage veranlasste das Unternehmen, in der Produktion neue Stellen zu schaffen, wodurch auch der Anteil der männlichen Mitarbeiter gestiegen ist. Gleichzeitig wurde in der Verwaltung weiter rationalisiert, weshalb die Zahl der Gesamtbelegschaft nicht gesteigert wurde.

11.5.2 Altersstruktur des Personals

Um die Altersstruktur des gesamten Personals zu erfassen, sollten am besten Altersstufen von fünf Jahren gebildet werden. Ihr prozentualer Anteil berechnet sich wie folgt:

$$\frac{\text{Arbeitskräfte einer Altersstufe} \cdot 100}{\text{Gesamtbelegschaft}}$$

Beispiel

Die Geschäftsleitung der Maschinenbau GmbH möchte die Entwicklung der Altersgruppe „älter als 50 Jahre (Ü50)" über die drei letzten Geschäftsjahre verfolgen. Das Personalcontrolling liefert folgende Zahlen:

Kennzahl	GJ 01	GJ 02	GJ 03
Anteil Ü50	$(90 / 430) \cdot 100 =$ 20,9%	$(95 / 420) \cdot 100 =$ 22,6%	$(100 / 420) \cdot 100 =$ 23,8%

Die im vorigen Beispiel beschriebene Situation wird auch in den Kennzahlen zur Altersstruktur deutlich. Die wirtschaftlich schwierige Situation bringt Personalfreisetzungen mit sich, die aufgrund des Kündigungsschutzgesetzes vor allen Dingen jüngere Mitarbeiter treffen. Dadurch erhöht sich der Anteil der „Ü50" im Geschäftsjahr 02. Zudem gehen noch fünf Mitarbeiter in diese Altersklasse über. Aufgrund der Rationalisierung in der Verwaltung hat sich die Gesamtbelegschaft im Geschäftsjahr 03 nicht erhöht, in der Produktion wurden die Stellen jedoch aufgrund der guten Lage ausgebaut. Die Neueinstellungen beinhalteten viele kompetente Metallfacharbeiter, die ebenfalls schon zur Gruppe „Ü50" gehörten, weshalb das Unternehmen im Schnitt wieder „etwas älter" wurde.

Aus dem Altersaufbau lässt sich die sog. Nachwuchsquote berechnen. Sie beschreibt den prozentualen Anteil der neu eingestellten Mitarbeiter pro Jahr, der nötig ist, um den zahlenmäßigen Bestand und die Alterszusammensetzung der Belegschaft zu erhalten. Die Nachwuchsquote sollte für männliche und weibliche Mitarbeiter getrennt berechnet werden. Die Errechnung erfolgt anhand der Hilfsgröße „durchschnittliche Berufs- oder Erwerbstätigkeit der Mitarbeiter":

$$\frac{\text{Durchschnittsalter der infolge Tod, Alter, Invalidität oder Heirat endgültig aus dem Arbeitsprozess ausscheidenden Mitarbeiter}}{\text{Durchschnittsalter der erstmalig in den Arbeitsprozess eintretenden jungen Mitarbeiter, beispielsweise Azubis}}$$

11.5.3 Personalan- und -abwesenheit

Eine Abwesenheitsstatistik gibt darüber Auskunft, wie viele Mitarbeiter tatsächlich für das Unternehmen verfügbar sind. Denn von den im Betrieb beschäftigten Mitarbeitern fehlen meist einige durch Krankheit, Urlaub o.Ä. Um die Abwesenheitsstatistik führen zu können, muss die Personalabteilung täglich Meldung aus den Abteilungen bekommen, wie viele Mitarbeiter fehlen, aus welchem Grund sie fehlen und wie lange dies voraussichtlich dauert. Die Abwesenheitsstatistik ist beispielsweise Grundlage für die Berechnung der Kennzahlen Krankheitsquote und Urlaubsquote, welche für die Personalbedarfs- und -einsatzplanung sehr wichtig sind:

● Krankheitsquote in Prozent:

$$\frac{\text{Krankheitstage} \cdot 100}{\text{Sollarbeitstage}}$$

● Urlaubsquote in Prozent:

$$\frac{\text{Urlaubstage} \cdot 100}{\text{Sollarbeitstage}}$$

Beispiel

Die Geschäftsleitung der Maschinenbau GmbH möchte die Krankheitsquote der letzten drei Jahre analysieren. Es wird mit 250 Sollarbeitstagen gerechnet, der Urlaub sowie Feiertage sind hier schon abgezogen. Vom Personalcontrolling werden folgende Zahlen geliefert:

Kennzahl	GJ 01	GJ 02	GJ 03
Krankheitsquote	14 · 100 / 250 = 5,6 %	8 · 100 / 250 = 3,2 %	10 · 100 / 250 = 4 %

Den Rückgang der Krankheitsquote von 5,6 % im Geschäftsjahr 01 auf 3,2 % im Geschäftsjahr 02 erklärt die Geschäftsleitung damit, dass damals aufgrund der angespannten wirtschaftlichen Situation viele Mitarbeiter Angst um ihren Arbeitsplatz hatten und trotz Krankheit zur Arbeit gingen.

11.5.4 Fluktuation

Unter der Fluktuation versteht man den Personalwechsel in einem Unternehmen. Die Fluktuationsquote in Prozent berechnet sich folgendermaßen:

$$\frac{\text{Zahl der Abgänge pro Jahr} \cdot 100}{\text{Durchschnittlicher Personalbestand}}$$

Beispiel

Der durchschnittliche Personalbestand bei der Maschinenbau GmbH errechnet sich für das erste Halbjahr des Geschäftsjahres 03 folgendermaßen:

Monat	Januar	Februar	März	April	Mai	Juni
Anzahl	415	409	412	416	418	420

Anfangsbestand Geschäftsjahr 03: 416

$(416 + 415 + 409 + 412 + 416 + 418 + 420)/7 = 415$ Mitarbeiter

Im ersten Halbjahr haben 24 Personen die GmbH verlassen.

Fluktuationsquote: $(24 \cdot 100) / 415 = 5,78\%$

Das heißt, im ersten Halbjahr haben 5,78 % der Belegschaft die GmbH verlassen.

Diese Zahl sagt jedoch nichts über die Zugänge oder das Wachstum der Belegschaft aus. Sie ist vielmehr aussagekräftig im Hinblick auf die Stabilität der Belegschaft, das Wissensmanagement (nehmen gehende Mitarbeiter Know-how mit?) oder die Arbeitszufriedenheit.

Natürlich ist es auch wichtig miteinzubeziehen, wie lange die Mitarbeiter im Unternehmen tätig waren und warum sie das Unternehmen verlassen. So kann auf etwaige Mängel im Unternehmen eingewirkt werden. Man unterscheidet zwischen Gründen, die vom Arbeitnehmer ausgehen:

- durch das Unternehmen nicht zu beeinflussende Gründe: Rente, Tod, Berufsunfähigkeit etc.,
- durch das Unternehmen beeinflussbare Gründe: Betriebsklima, Entlohnung, Arbeitsbedingungen etc.,

und Gründen, die vom Arbeitgeber ausgehen:

- Personalabbau, Mangel an Aufträgen, mangelnde Eignung etc.

Inwieweit die Fluktuationsquote auf einen bestimmten Ausscheidungsgrund zurückgeführt werden kann, wird in Prozent so berechnet:

$$\frac{\text{Zahl der Ausscheidungen wegen Mangel an Aufträgen pro Jahr} \cdot 100}{\text{Durchschnittlicher Personalbestand}}$$

Mit der Fluktuation zusammenhängende Kennzahlen sind weiterhin:

- Das Verhältnis zwischen den jährlichen Zu- und Abgängen:

$$\frac{\text{Zahl der Abgänge pro Jahr}}{\text{Zahl der Zugänge pro Jahr}}$$

Ist diese Kennzahl kleiner 1, bedeutet dies eine Erhöhung der Mitarbeiterzahl, ist sie größer 1, bedeutet dies eine Verringerung der Mitarbeiterzahl im Unternehmen.

- Der Entlassungskoeffizient in Prozent:

$$\frac{\text{Entlassungen pro Jahr} \cdot 100}{\text{Durchschnittlicher Personalbestand}}$$

- Die Quote freiwillig Ausgeschiedener in Prozent:

$$\frac{\text{Zahl der freiwillig Ausgeschiedenen} \cdot 100}{\text{Durchschnittlicher Personalbestand}}$$

- Die durchschnittliche Betriebszugehörigkeitsdauer:

$$\frac{\text{Gesamtdienstjahre der Belegschaft}}{\text{Anzahl der Mitarbeiter}}$$

11.5.5 Personal- und Sozialaufwand

Folgende Kennzahlen beziehen sich auf die Aufwendungen, die durch die Entlohnung des Personals zustande kommen:

- Durchschnittliches Arbeitsentgelt:

$$\frac{\text{Summe der Löhne und Gehälter}}{\text{Zahl der Mitarbeiter}}$$

- Durchschnittslohn:

$$\frac{\text{Summe aller Löhne}}{\text{Zahl der Arbeiter}}$$

- Durchschnittsgehalt:

$$\frac{\text{Summe aller Gehälter}}{\text{Zahl der Angestellten}}$$

● Prozentuale Quote der Zuschläge:

$$\frac{\text{Zuschläge, Urlaubslöhne, Prämien etc.} \cdot 100}{\text{Summe aller Löhne und Gehälter}}$$

● Personalkostenbelastung in Prozent des Umsatzes:

$$\frac{\text{Summe aller Löhne und Gehälter} \cdot 100}{\text{Umsatz}}$$

Folgende Kennzahlen beziehen sich auf die Aufwendungen für Sozialleistungen:

● Prozentualer Anteil der gesetzlichen Sozialaufwendungen an der Lohnsumme:

$$\frac{\text{Summe der gesetzlichen Sozialaufwendungen} \cdot 100}{\text{Summe aller Löhne und Gehälter}}$$

● Prozentualer Anteil der freiwilligen Sozialaufwendungen an der Lohnsumme:

$$\frac{\text{Summe der freiwilligen Sozialaufwendungen} \cdot 100}{\text{Summe aller Löhne und Gehälter}}$$

● Ausbildungskosten pro Auszubildendem:

$$\frac{\text{Summe der Kosten für die Berufsausbildung}}{\text{Anzahl der Auszubildenden}}$$

Beispiel

Die Berufsausbildung kostet die Maschinen GmbH pro Monat 60.000,00 €.

In den Kosten sind enthalten:
● Ausbildungsvergütung,
● Vergütung der Ausbilder,
● Fortbildungen für Ausbilder,
● Kosten der Lernwerkstätten,
● Lernmaterialien.

Die GmbH hat 12 Auszubildende.

Ausbildungskosten pro Auszubildendem = 60.000,00 € / 12 Monate

= 5.000,00 €/Monat

11.6   Personalinformationssysteme

Um die heutigen Anforderungen des Managements und Controllings an die Personalverwaltung effizient erfüllen zu können, werden in größeren Unternehmen EDV-gestützte Personalinformationssysteme eingesetzt. Ein Personalinformationssystem dient dazu, Personaldaten zu erfassen und zu speichern. Dies umfasst nicht nur die Stammdaten, sondern auch Daten des fortlaufenden Betriebs (also geleistete Arbeitszeit, Urlaubstage etc.). Die Daten können dann in diesem Personalinformationssystem weiterverarbeitet und an relevanten Stellen angezeigt werden. So erhält z.B. das Controlling die Kennziffern, die Personalentwicklung die Anzahl besuchter Fortbildungstage bestimmter Mitarbeiter, die Buchhaltung die Entgeltabrechnungen für Lohn- und Gehalt etc.

Ein Personalinformationssystem kann damit Aufgaben weit über die Verwaltung von Personalstammdaten hinaus bewältigen (wie z.B. Lohn- und Gehaltsabrechnung, Personalzeiterfassung, Urlaubsplanung etc.). Personalinformationssysteme helfen z.B. auch bei der Personalauswahl. Das System erfasst die eingehenden Bewerbungen und selektiert nach vorgegebenen Parametern in einer Erstauswahl den Bewerberpool. Die Bewerber bekommen eine automatisierte Empfangsbestätigung (auch per E-Mail). Auch Bewerber, die eine Absage erhalten, werden im System gespeichert und evtl. bei späteren Ausschreibungen berücksichtigt.

Aufgrund dieser Aufgabenvielfalt bestehen Personalinformationssysteme aus verschiedenen Datenbanken, die von unterschiedlichen Seiten (nicht nur der Personalverwaltung) gefüttert werden können. In der folgenden Grafik ist ein (vereinfachtes) Beispiel der Datenbanken eines Personalinformationssystems dargestellt. Dieses besteht aus der Personaldatenbank. Hier sind die Personalstammdaten, die Personalakten etc. abgelegt. In der Stellendatenbank sind die Stellen mit der jeweiligen Beschreibung, den Anforderungen sowie Einstellungsvoraussetzungen erfasst. Auf diese Datenbank hat in der Regel auch die Abteilung „Organisation" Zugriff, da dort die Stellen gebildet werden.

In der Datenbank der Kosten- und Leistungsrechnung greift sich das Personalinformationssystem die Kosten heraus, die im Zusammenhang mit dem Personal stehen. Verknüpfte Abfragen über diese Datenbanken hinweg generieren eine beträchtliche Zahl verschiede-

ner Kennziffern. Die Anforderungen an Kennziffern und Informationen sind direkt vom Management zu formulieren.

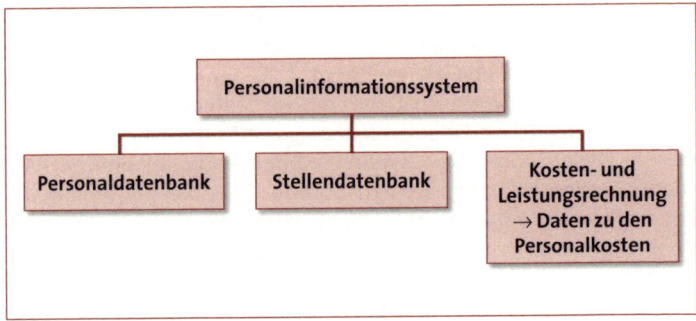

Abb. 11.2: Beispiel eines Personalinformationssystems

Da solche Datenbanken sensible Daten beinhalten, kommt hier dem
Datenschutz eine entsprechend große Rolle zu. Das Personalinformationssystem ist deshalb nur mit Zugangsberechtigungen bedienbar.
Je Mitarbeiter der Personalabteilung ist festgelegt, welche Daten für
ihn angezeigt werden, welche Daten er eingeben und welche Daten er
verändern und verarbeiten kann.

Ein Personalinformationssystem erleichtert die Arbeit der Personalabteilung beträchtlich, da es zeitsparend und effizient gehandhabt werden kann und wichtige Daten wesentlich schneller und umfassender
verarbeitet werden können.

Aufgaben zur Selbstkontrolle

1. Wodurch zeichnet sich eine gute Personalverwaltung aus?
2. Nennen Sie die Inhalte, die typischerweise in einer Personalakte sind!
3. Welche der folgenden Aussagen zur Personalverwaltung ist richtig?

		Richtig	Falsch
a)	Der Mitarbeiter hat ein Recht darauf, die gesamte Personalakte einzusehen.		
b)	Der Arbeitgeber hat ein Recht darauf, bestimmte Inhalte vor der Einsichtnahme zu entfernen (z.B. heimliche Notizen über das Arbeitsverhalten).		
c)	Der Mitarbeiter hat ein Recht darauf, die Personalakte mit nach Hause zu nehmen.		
d)	Der Betriebsrat darf jederzeit die Personalakten der Mitarbeiter einsehen.		
e)	Videoüberwachung in Betrieben ist verboten.		
f)	Der Arbeitgeber darf sich in sozialen Netzen (z.B. Facebook) über Mitarbeiter informieren.		
g)	Kirchen dürfen Mitarbeitern kündigen, wenn diese aus der Kirche austreten.		

4. Welche Aufgabe erfüllt das Personalcontrolling?
5. Welchen Zweck erfüllen Kennziffern im Personalcontrolling?

Lösungen

Hinweis: Den Lösungen liegt zur Rechts- und Datenlage der Stand bei Drucklegung zugrunde. Zum grundsätzlichen Üben des Stoffes ist dies ausreichend. Bitte klären Sie jedoch, ob in Ihrer möglichen Prüfung aktuelles Detailwissen verlangt wird und ziehen Sie gegebenenfalls dazu geeignete Unterlagen heran (z.B. Material Ihres Dozenten, der aktuelle Gesetztestext etc.).

Zu Kapitel 1

1. Die Arbeit der Personalabteilung konzentrierte sich noch vor 30 Jahren auf die Verwaltungsfunktion. Es galt, rechtsgültige Arbeitsverhältnisse zu begründen oder zu beenden und das Gehalt korrekt und pünktlich zu bezahlen. Dies stellt heutzutage nur noch einen kleineren Teil der Arbeit einer Personalabteilung dar. Durch den schnellen technologischen Fortschritt und sich rasch verändernde Umweltbedingungen muss fortwährend bedarfsgerecht geeignetes Personal angeworben und weiterqualifiziert oder je nach Marktsituation auch wieder freigesetzt werden, und dies unter Beachtung vieler rechtlicher Vorgaben und unter Einbindung der Betriebsräte.

2. Die Personalabteilung eines Unternehmens hat die Aufgabe, das benötigte Personal mit den entsprechenden Qualifikationen zur richtigen Zeit am richtigen Ort zur Verfügung zu stellen. Diese Aufgabe gliedert sich in verschiedene Teilfunktionen: Personalbedarfsplanung, Personalbeschaffung, Personalauswahl und -einstellung, Personalführung, Personalentlohnung, Personalbeurteilung, Personalentwicklung, Personalfreistellung, Personalverwaltung und -controlling.

3. Während bei kleinen Betrieben das Personalwesen direkt der Geschäftsleitung oder der kaufmännischen Leitung zugeordnet ist, gibt es in mittleren Betrieben eine eigene Personalleitung mit eigenen Personalsachbearbeitern, in größeren Betrieben eine eigene Personalabteilung, die je nach Größe des Betriebs wieder eigene Unterabteilungen (z.B. Betriebliche Bildung) aufweist sowie bei Aktiengesellschaften einen eigenen Personalvorstand.

Zu Kapitel 2

1.

Unternehmensexterne Einflussfaktoren der Personalbedarfsplanung	
Einflussfaktoren	**Auswirkung auf den Personal-bedarf**
● Neue maschinelle Anlagen mit neuer Technik erfordern neues Know-how. Die Umstellung alter Anlagen erfordert eine hohe Einarbeitungszeit.	Erhöhung
● Viele alte Mitarbeiter, die bald in Rente gehen; viele junge Mitarbeiter, die noch nicht so viel Erfahrung haben; viele Azubis, die zur Einarbeitung auch Arbeitszeit anderer Mitarbeiter beanspruchen	Erhöhung
● Die Ausschreibung interner Wettbewerbe spornt die Leistung der vorhandenen Mitarbeiter an.	Verringerung
● Eine hohe Mobbing-Rate kann bewirken, dass einige Mitarbeiter in ihrer Arbeitsleistung nachlassen.	Erhöhung
● Hoher Krankenstand und hohe Kündigungsrate	Erhöhung
● Ein hohes Mitspracherecht der Mitarbeiter kann deren Motivation und Leistung positiv beeinflussen.	Verringerung
● Steigerung der geplanten Absatz- oder Ausbringungsmenge, die Eröffnung neuer Tochterunternehmen oder Niederlassungen	Erhöhung
● Verringerung der geplanten Absatz- oder Ausbringungsmenge und die Ausgliederung verschiedener Unternehmensbereiche, z.B. der Autositzherstellung bei einem Autobauer	Verringerung

Unternehmensexterne Einflussfaktoren der Personalbedarfsplanung	
Einflussfaktoren	**Auswirkung auf den Personalbedarf**
● Ein neuer Tarifvertrag kann Lohnerhöhungen zur Folge haben und damit die Einstellung neuen Personals dämpfen.	Verringerung
● Eine Lockerung des Kündigungsschutzes kann sich positiv auf die Einstellung neuen Personals auswirken, da die Risiken von Neueinstellungen verringert werden.	Erhöhung
● Bei guter Konjunktur erhöht sich die Nachfrage.	Erhöhung
● Gibt es in der Branche genügend Fachkräfte, kann erhöhter Personalbedarf ausreichend gedeckt werden. Bei Fachkräftemangel bleiben Abteilungen eventuell unterbesetzt.	Erhöhung
● Ein Rückgang der Geburtenrate eines bestimmten Jahrgangs kann die Unterdeckung der Ausbildungsplätze zur Folge haben.	Erhöhung
● Neue technologische Entwicklungen können neue Möglichkeiten der Fließbandfertigung eröffnen und so eine Reihe von Arbeitsplätzen vernichten.	Verringerung
● Neue technologische Entwicklungen können auch die Einstellung von höher qualifiziertem Personal erforderlich machen.	Erhöhung

2. Arten des Personalbedarfs:
   a) Überbrückungsbedarf
   b) Ersatzbedarf
   c) Neubedarf
   d) Ersatzbedarf
   e) Überbrückungsbedarf
   f) Neubedarf

3. Personalbedarfsrechnung der Maschinen GmbH

	Abt. Werksverkauf	Abt. Vertrieb	Abt. Produktion
Bestand zu Beginn der Periode	9	13	40
Gründe für Abgänge			
Rente		1	1
Kündigung	3		2
Mutterschutz		1	
Abteilungswechsel	1		
Weiterbildung			1
Summe der Abgänge	**4**	**2**	**4**
Gründe für Zugänge			
Abteilungswechsel		1	
Neueinstellung			2
Leihmitarbeiter	1		
Summe der Zugänge	**1**	**1**	**2**
fortgeschriebener Personalbestand	**6**	**12**	**38**

	Abt. Werksverkauf	Abt. Vertrieb	Abt. Produktion
bestehende Stellen	9	13	40
+ neue Stellen			
– wegfallenden Stellen	2 (Kosteneinsparung)		
= Bruttopersonalbedarf	**7**	**13**	**40**

	Abt. Werksverkauf	Abt. Vertrieb	Abt. Produktion
Bruttopersonalbedarf	7	13	40
– fortgeschriebener Personalbestand	6	12	38
= Nettopersonalbedarf	1	1	2

Zu Kapitel 3

1. Personal kann innerbetrieblich und außerbetrieblich beschafft werden.
   Innerbetriebliche Personalbeschaffung geschieht über die innerbetriebliche Stellenausschreibung, eine Versetzung oder Beförderung und über die Ausbildung.

Innerbetriebliche Personalbeschaffung	
Vorteile	**Nachteile**
• geringe Kosten, da Stellenanzeigen und Einstellungsverfahren wegfallen • Einarbeitungszeit in der Regel verkürzt • Risiko einer Fehlbesetzung relativ niedrig • Stelle kann schnell besetzt werden, da keine langen Einstellungsverfahren vorausgehen. • Mitarbeiter können durch vorhandene Aufstiegschancen motiviert werden.	• Auswahl an Bewerbern für eine Stelle ist geringer. • Manche Mitarbeiter fürchten eine Bewerbung aus Angst, ihr Vorgesetzter würde davon erfahren und dies könnte sich negativ auswirken. • Eine Ablehnung kann als persönliche Niederlage empfunden werden, die Motivation kann dadurch nachlassen. • Kollegen, die man schon von niedrigeren Positionen her kennt, haben teilweise weniger Autorität. • Betriebsblindheit wird gefördert, es kommen keine neuen Impulse von außen.

Außerbetriebliche Personalbeschaffung geschieht über Stellenanzeigen, Stellensuchanzeigen, Veröffentlichung im Internet, Arbeitsagenturen, Personalleasing oder Initiativbewerbungen.

Außerbetriebliche Personalbeschaffung	
Vorteile	**Nachteile**
● Es kann aus einer größeren Anzahl an Bewerbern ausgewählt werden. ● Es kommen neue Impulse und Qualifikationen von außen. ● Betriebsblindheit wird vermieden. ● Externe Bewerber haben oft eine größere Leistungsbereitschaft, da sie sich in der neuen Firma erst noch bewähren müssen. Wird ein Bewerber abgelehnt, wirkt sich dies nicht negativ auf das Betriebsklima aus.	● Eine längere Einarbeitungszeit ist notwendig, da das Unternehmen für einen „Neuling" noch fremd ist. ● Das Risiko, den „Falschen" einzustellen, ist höher, da man den Bewerber noch nicht kennt. ● Die Motivation der Mitarbeiter kann sinken, wenn frei werdende Stellen nur unternehmensextern besetzt werden, da so die Aufstiegschancen fehlen. ● Die Mitarbeiter, die die Firma verlassen, nehmen auch vorhandenes Know-how mit.

2.

Personalleasing	
Vorteile für den Arbeitgeber	**Nachteile für den Arbeitgeber**
● Überbrückung zeitlich begrenzter Personalengpässe ● Langfristige Personalsuche entfällt. ● keine Neueinstellungen notwendig ● kein Arbeitgeberrisiko ● erhöhte Flexibilität ● kalkulierbare Kosten	● Einarbeitungsaufwand ● fehlende Identifikation mit dem Unternehmen ● Unruhe durch ständigen Personalwechsel ● erhöhte Unfallquoten
Vorteile für den Arbeitnehmer	**Nachteile für den Arbeitnehmer**
● schnelle Einstellung ● Sammeln von Erfahrung durch häufige Arbeitsplatzwechsel ● Flexibilität	● schlechtere Bezahlung als Festangestellte ● keine dauerhafte Festanstellung ● schlechte Integration durch häufige Wechsel ● knappe Einarbeitungszeiten ● oft Fehlen eines Betriebsrats bei Zeitarbeitsfirmen

Zu Kapitel 4

1. Es gibt grundsätzlich drei Arten von Einstellungstests: Persönlichkeitstests, Leistungstests und Intelligenztests. Persönlichkeitstests werden nur noch selten eingesetzt, und wenn, dann bei der Einstellung von Führungskräften. Sie müssen von Psychologen durchgeführt werden und überprüfen Denk- und Urteilsfähigkeit, Leistungs- und Einfühlungsvermögen sowie Verantwortungsbewusstsein und soziales Verhalten. Leistungstests werden oft bei der Auswahl von Auszubildenden eingesetzt. Sie überprüfen fachliche Qualifikation, Ausdauer, Ordnungssinn, praktische Geschicklichkeit etc. Auch Intelligenztests werden oft bei der Auswahl von Auszubildenden eingesetzt. Sie überprüfen, ob das Lebensalter mit dem erreichten Entwicklungsstand übereinstimmt und wie stark Einfallsreichtum oder Urteilsklarheit bei den Probanden ausgeprägt sind.

2. Beurteilung von Bewerbungsunterlagen nach folgenden Kriterien:
   - Qualität und Aktualität des Bewerbungsfotos;
   - Auflistung von Fachkenntnissen;
   - Nennung von Berufserfahrung und Fähigkeiten (diese sollten mit den Anforderungen übereinstimmen);
   - fehlerfreies Bewerbungsschreiben;
   - Gründe für die Bewerbung;
   - lückenloser Lebenslauf;
   - qualifizierte Arbeitszeugnisse;
   - tadellose Bewerbungsmappe.

3. Eingehende Bewerbungsunterlagen können mithilfe des Drei-Gruppen-Verfahrens bewertet werden. Die Bewerbungsunterlagen werden dazu in drei von der Eignung abhängige Gruppen eingeteilt:
   - Gruppe 1: Bewerber sind geeignet und werden zum Vorstellungsgespräch eingeladen,
   - Gruppe 2: Bewerber sind bedingt geeignet und werden bei Bedarf zum Vorstellungsgespräch eingeladen,
   - Gruppe 3: Bewerber sind ungeeignet und bekommen eine Absage.

4.
   a) Die Einstellung könnte durch den Betriebsrat verhindert werden, und zwar nach § 99 BetrVG (Mitbestimmung bei personellen Einzelmaßnahmen). Der Betriebsrat kann innerhalb einer

Woche der Einstellung zustimmen, auf eine Stellungnahme verzichten oder der Einstellung widersprechen, falls triftige Gründe vorliegen, z.B. wenn gegen Auswahlrichtlinien verstoßen wurde oder Nachteile für andere Arbeitnehmer entstehen könnten. Da also nicht der am besten geeignete Kandidat, sondern aufgrund einer sog. Vetternwirtschaft der Neffe des Vertriebsleiters den Zuschlag bekommen hat, kann der Betriebsrat der Einstellung widersprechen.

b) Auf Phase 1 kann direkt Phase 3 folgen, wenn Einstellungstests nicht durchgeführt werden (was häufig der Fall ist). Einstellungstests sollten nicht überbewertet werden, da sie auch von der Tagesform eines Probanden abhängen oder von der Tatsache, wie oft jemand schon mit Tests dieser Art in Berührung kam.

c) Persönlichkeitstests sind als kritisch anzusehen. Sie offenbaren persönliche Merkmale der Bewerber. Es ist fraglich, ob diese persönlichen Merkmale getestet werden müssen, um eine bestimmte Stelle zu bekommen. Ausschlaggebend sollten vor allem die Merkmale sein, die sich direkt auf die Arbeitsqualität und das Arbeitsverhalten auswirken und nicht den Bewerber in seiner ganzen Persönlichkeit offenbaren.

Zu Kapitel 5

1. Die Vorgesetzten haben die Aufgabe, für gut ausgebildete, motivierte und leistungsstarke Mitarbeiter zu sorgen. Sie können ihre Mitarbeiter durch den Einsatz von Führungsinstrumenten (Motivatoren) motivieren. Führungsinstrumente sind: das Vereinbaren von Zielen, das Führen von Mitarbeitergesprächen, das Durchführen von Beurteilungen hinsichtlich des Leistungs- und Sozialverhaltens, das Einführen eines Anreizsystems, das Schaffen von Personalentwicklungsmöglichkeiten.

2. Unter Personalführung versteht man das Leiten der Mitarbeiter anhand von Kommunikation und Interaktion. Es sollte im Einklang mit den Unternehmenszielen und den Interessen der Mitarbeiter geschehen.

3. Führungsinstrumente sind Motivatoren, mit denen der Vorgesetzte seine Mitarbeiter motivieren und mit ihnen in Dialog treten kann, damit seine Aufgaben und Ziele erfüllt werden.

Beispiele: Anreizsysteme wie Incentive-Reisen für sehr gute Leistungen, Beurteilungssysteme, Zielvereinbarungen und Zielvorgaben, Mitarbeitergespräche und Personalentwicklungskonzepte.

4. Ein Vorgesetzter sollte folgende Führungsfunktionen erfüllen:
   - Vorbildfunktion für die Mitarbeiter haben,
   - Ziele setzen und Anweisungen geben,
   - neue Mitarbeiter einarbeiten,
   - Aufgaben an Mitarbeiter verteilen und die Ausführung überwachen und kontrollieren,
   - planen sowie Entscheidungen treffen und realisieren,
   - Mitarbeiter motivieren, fördern und beurteilen,
   - Konflikte lösen und ein gutes Betriebsklima schaffen,
   - Aufgaben und Abläufe steuern,
   - Feedback zu den Leistungen der Mitarbeiter geben,
   - eine Gruppe repräsentieren und Verantwortung nach außen übernehmen.

   Durch Führungsinstrumente kann das Unternehmen wirtschaftlicher und effizienter arbeiten. Die Mitarbeiter sind motiviert und identifizieren sich leichter mit dem Unternehmen.

5. Anerkennungs- und Kritikgespräch, Informationsgespräch, Zielvereinbarungsgespräch, Problemlösungsgespräch, Konfliktgespräch, Entwicklungsgespräch

6.
   a) Management by Objectives
   b) Management by Delegation
   c) Management by Exception
   d) Management by Delegation
   e) Management by Objectives
   f) Management by Delegation
   g) Management by Exception

Zu Kapitel 6

1. Vorteil des Zeitlohns: Der Bruttoverdienst kann einfach berechnet werden, und die Arbeitskräfte können in normalem Arbeitstempo arbeiten, was ihrer Gesundheit und der Qualität der Arbeit zugutekommt.

   Nachteil des Zeitlohns: Er wirkt nicht motivierend auf die Steigerung der Arbeitsleistung, und der Betrieb muss mehr Mengen- und

Qualitätskontrollen durchführen, damit ausreichende Arbeitsleistung erbracht wird.

2. Beim Geldakkord erhält der Arbeiter einen bestimmten Lohnsatz pro verrichteter Leistungseinheit. Je mehr Leistungseinheiten er in einer bestimmten Zeit erledigt, umso mehr Geld bekommt er. Beim Zeitakkord ist genau vorgegeben, wie lange die Bearbeitung pro Stück dauern darf. Schafft es der Arbeitnehmer, die Bearbeitung schneller durchzuführen, verdient er auch mehr.
Beim Einzelakkord wird die Arbeitsleistung eines Mitarbeiters bewertet. Beim Gruppenakkord wird die Leistung im Team durch eine Gruppe von Mitarbeitern erbracht und der Akkordlohn unter diesen aufgeteilt.

3. Vorteile des Akkordlohns: Entlohnung ist leistungsgerecht, fleißige Arbeitnehmer verdienen mehr, Arbeitnehmer können Lohnhöhe bestimmen.
Nachteile des Akkordlohns: Hohes Arbeitstempo kann zu gesundheitlichen Problemen führen (z.B. Stress). Wird schnell und hastig gearbeitet, können schneller Fehler gemacht werden, daher muss die Produktqualität verstärkt kontrolliert werden, was höhere Kosten verursacht.

4. Prämienarten:
   - Terminprämie: Arbeitnehmer haben wichtige Fertigungstermine eingehalten.
   - Qualitätsprämie: In der Produktion wird sehr gewissenhaft gearbeitet, daher gibt es nur wenig fehlerhafte Produkte.
   - Nutzungsprämie: Die Maschinen werden von den Mitarbeitern sehr sorgsam behandelt und gewartet, sodass diese kaum ausfallen.
   - Vorschlagsprämie: Die Mitarbeiter machen Verbesserungsvorschläge, wie beispielsweise besser oder kostengünstiger produziert werden könnte oder wie anderweitig Kosten oder Zeit gespart werden können.
   - Ersparnisprämie: Die Mitarbeiter gehen sparsam mit Energien sowie Hilfs-, Betriebs- und Rohstoffen um.

5. Zur Sozialversicherung gehören die gesetzliche Rentenversicherung, die Arbeitslosenversicherung, die gesetzliche Krankenversicherung, die gesetzliche Unfallversicherung und die gesetzliche Pflegeversicherung.

6. Damit Löhne auf die Anforderungen eines Arbeitsplatzes abgestimmt werden können, müssen diese Anforderungen im Vorfeld durch Arbeitsstudien ermittelt werden:
   - Arbeitsablaufstudien untersuchen die Arbeitsvorgänge in einem Unternehmen, um sie menschengerechter und rationeller zu gestalten.
   - Arbeitszeitstudien ermitteln die durchschnittlich erforderlichen Arbeitszeiten zur Durchführung bestimmter Arbeiten.
   - Arbeitswertstudien stellen die Schwierigkeitsgrade und Anforderungen verschiedener Arbeiten fest.
7. Akkordarbeit kann Jugendliche in ihrer Entwicklung schädigen.
8.
   a) Zeitlohn, ggf. Prämie bei gutem Umsatz
   b) Zeitlohn
   c) Prämienlohn
   d) Akkordlohn
   e) Akkordlohn

9.
a) Lohnsteuerklasse I.

b)

Gehaltsabrechnung Freddy Freimann			
Bruttolohn/-gehalt	5.700,00 €		
Lohnsteuer	1.436,08 €		
Solidaritätszuschlag	78,98 €		
Kirchensteuer	129,24 €		
Sozialversiche-rungsbeiträge	Arbeitnehmer-anteil	Arbeitgeberanteil	Beitragssätze insgesamt
Krankenversicherung (Beitragsbemessungsgrenze: 3.712,50 €)	304,43 € (8,2 % vom Bruttogehalt*)	273,75 € (7,3 % vom Bruttogehalt)	15,5 %

Pflegeversicherung (Beitragsbemessungsgrenze: 3.712,50 €)	45,48 € (1,225 % vom Bruttogehalt oder Beitragsbemessungsgrenze)	36,20 € (0,975 % vom Bruttogehalt)	2,2 %**
Rentenversicherung (Beitragsbemessungsgrenze: 5.500,00 €)	547,25 € (9,95 % vom Bruttogehalt)	547,25 € (9,95 % vom Bruttogehalt)	19,9 %
Arbeitslosenversicherung (Beitragsbemessungsgrenze: 5.500,00 €)	82,50 € (1,5 % vom Bruttogehalt)	82,50 € (1,5 % vom Bruttogehalt)	3,0 %
Nettolohn/-gehalt	3.076,04 €	– (20 · 5 € für Kantinenessen = 100 €)	
Auszahlungsbetrag	2.976,04 €		

* + 0,9 % Mehrzahlung für Zahnersatz und Krankengeld

** 0,25 Prozentpunkte Mehrzahlung für kinderlose Arbeitnehmer

Zu Kapitel 7

1. Ziele des Unternehmens: Motivation schaffen, Zulagen nach Leistung bemessen, Mitarbeitereinsatz optimal gestalten, Potenzial der Mitarbeiter ermitteln
   Ziele der Mitarbeiter: Sie bekommen Feedback, sind gegen Willkür von Vorgesetzten geschützt, erhalten der Leistung entsprechende Entgelte.
2. Mitarbeiter sollten jährlich, Auszubildende vierteljährlich beurteilt werden. Zusätzliche Beurteilungen finden am Ende der Probezeit, vor Versetzungen, Beförderungen und Gehaltserhöhungen oder beim Ausscheiden von Mitarbeitern statt.
3. Die Personalbeurteilung kann von der persönlichen Beziehung zwischen Beurteiler und zu Beurteilendem beeinflusst werden.
4. Man unterscheidet zwischen der summarischen und der analytischen Beurteilung.
   Die summarische Beurteilung wird vor allem in kleinen und mittleren Betrieben durchgeführt. Man unterscheidet hier nicht zwi-

schen einzelnen Beurteilungskriterien, sondern stützt sich auf den Gesamteindruck vom Mitarbeiter. Bei der analytischen Beurteilung, die vor allem in großen Betrieben durchgeführt wird, werden im Vorfeld bestimmte Beurteilungskriterien festgelegt, die in das Gesamturteil miteinfließen.

5. Zur Leistungsbeurteilung können folgende Kriterien herangezogen werden: wie gut der Mitarbeiter seine Aufgaben in Bezug auf Qualität und Quantität erfüllt, wie selbstständig er arbeitet, welche Fachkenntnisse er hat, wie genau er arbeitet, wie kreativ er ist, inwieweit er zur Fortbildung bereit ist und wie er sich gegenüber Vorgesetzten und Kollegen verhält usw.

6.

Beurteilung	Zeugnisformulierung
sehr gut	l) Seine Leistungen haben in jeder Hinsicht unsere volle Anerkennung gefunden. a) Er arbeitete stets zuverlässig und genau. s) Er wurde von Kollegen, Vorgesetzten und Kunden stets als freundlicher und fleißiger Mitarbeiter geschätzt. f) Sie meisterte die neuen Situationen stets sehr gut und sicher. k) Er beherrschte sein Aufgabengebiet. x) Sie erzielte herausragende Arbeitsergebnisse.
gut	p) Sie meisterte neue Arbeitssituationen erfolgreich. b) Er ist ein engagierter Mitarbeiter.
befriedigend	m) Sein Verhalten zu Mitarbeitern und Vorgesetzten war vorbildlich. w) Er hat die Aufgaben stets zu unserer Zufriedenheit erledigt. g) Sie verfügte über solide Fachkenntnisse. z) Sie fand sich in neuen Situationen zurecht.
ausreichend	c) Er hat unseren Erwartungen entsprochen. q) Seine Arbeitsergebnisse entsprachen den Anforderungen. t) Sie arbeitete sorgfältig und genau. n) Ihr Verhalten zu Mitarbeitern war vorbildlich. e) Er hatte solides Basiswissen.

mangel- haft	v)	Er hat die ihm übertragenen Arbeiten mit großem Fleiß und Interesse durchgeführt.
	i)	Ihre Leistungen entsprachen im Allgemeinen den Anforderungen.
	r)	Er war in der Regel erfolgreich.
	d)	Er zeigte, nach Anleitung, Fleiß und Ehrgeiz.
	y)	Ihr persönliches Verhalten war insgesamt einwandfrei.
ungenü- gend	h)	Er hat nach Kräften versucht, die Leistungen zu erbringen, die wir an diesem Arbeitsplatz fordern müssen.
	o)	Er zeigte für seine Arbeit Verständnis und Interesse.
	u)	Sie war um eine zuverlässige Arbeitsweise bemüht.
	j)	Er war bestrebt, sich neuen Situationen anzupassen.

Zu Kapitel 8

1. Zur beruflichen Bildung innerhalb der Personalentwicklung gehören alle Maßnahmen im Bereich der Ausbildung, der Fortbildung und Umschulung, die helfen, die berufliche Qualifikation der Mitarbeiter weiterzuentwickeln.

2. Eine ständige Personalentwicklung ist notwendig, damit die Unternehmen und die Mitarbeiter sich den Veränderungen in der Arbeitswelt anpassen können und den Erfolg des Unternehmens dadurch garantieren.

3.
   a) Job Rotation
   b) Job Enlargement
   c) Job Enrichment
   d) Job Rotation

4. Vorteile interner Bildungsmaßnahmen sind die geringeren Kosten bei der Teilnahme von vielen Mitarbeitern. Außerdem können die Schulungsinhalte genau auf das Unternehmen zugeschnitten und damit leichter umgesetzt werden. Das Unternehmen ist von externen Anbietern unabhängig und kann die eingesetzten Maßnahmen leichter kontrollieren. Nachteile interner Bildungsmaßnahmen sind die andererseits hohen Kosten, wenn nur wenige Mitarbeiter daran teilnehmen. Weiterhin kann eine vorherrschende Betriebsblindheit die Schulungsinhalte einseitig beeinflussen.

Nicht immer sind passende Referenten oder Schulungsräume mit passender Ausstattung vorhanden.

Vorteile externer Bildungsmaßnahmen sind zum einen die erfahrenen und geschulten Referenten, die die Schulungen auf professionelle Art und Weise durchführen. Weiterhin können sich die Mitarbeiter mit unternehmensfremden Teilnehmern austauschen und es kommen neue Impulse und Erfahrungen ins Unternehmen. Nachteile externer Bildungsmaßnahmen sind beispielsweise, dass die Schulungsinhalte nicht immer direkt auf die Arbeitssituation im Unternehmen übertragen werden können. Das Unternehmen kann weiterhin nicht die Schulungsinhalte und Lehrmethoden beeinflussen, außerdem ist eine Kontrolle der eingesetzten Maßnahmen schwer durchzuführen. Auch können interne Informationen aus dem Unternehmen nach außen getragen werden.

5.
   a) Berufliche Bildung
   b) Karriereplanung
   c) Gesundheit
   d) Gesundheit
   e) Berufliche Bildung

6.
   a) Die Angestellten im Verkauf sollten an einer Verkaufsschulung teilnehmen. Dabei lernen sie, wie sie auf die Kunden zugehen und diese ansprechen, wie sie den Bedarf der Kunden erfragen, auf welche Art und Weise sie den Kunden beraten, wie sie den Kunden Ersatzprodukte anbieten, falls das gewünschte Produkt nicht vorhanden ist, und wie sie den Kunden verabschieden.
   b) Die Maßnahme kann intern durchgeführt werden, falls Personal im Hause ist, das über das benötigte Wissen verfügt und dieses den Seminarteilnehmern auch ansprechend vermitteln kann. Oft ist dies in einem Bekleidungshaus jedoch nicht der Fall, deshalb wäre es ratsam, sich für einen externen Schulungsanbieter zu entscheiden, der über genug Fachwissen verfügt und geeignetes Lehrmaterial vorweisen kann.
   c) Zunächst sollte man sich auf eigene Erfahrungen oder Empfehlungen stützen. Ist beides nicht vorhanden, ist eine Suchmaschine im Internet die geeignete Plattform für die Suche nach Schulungsangeboten. Die Qualität des Anbieters, der ein Gütesiegel eines international anerkannten Qualitätsmanagement-

systems haben sollte, lässt sich schon an den schriftlichen Informationen über Inhalte, Dauer, Arbeitsmethoden, Kosten und Qualifikation der Lehrkräfte, Bildungsvoraussetzungen und Prüfungsanforderungen einschätzen. Auch Räumlichkeiten und technische Ausstattung sollten ansprechend sein.

Zu Kapitel 9

1. Bei der internen Personalfreistellung bleiben die Mitarbeiter im Unternehmen beschäftigt, da durch verschiedene Arbeitszeitmodelle das überschüssige Personal einzelner Unternehmensbereiche reduziert wird. Beispiele:
   - Versetzung: Der Arbeitgeber weist dem Arbeitnehmer ein anderes Aufgabenfeld zu.
   - Abbau von Mehrarbeit: Abbau von Arbeitszeit, die über die tariflich festgelegte Arbeitszeit hinausgeht
   - Arbeitsplatzteilung: Zwei oder mehr Arbeitnehmer teilen sich einen Arbeitsplatz.
   - Flexibilisierung der Arbeitszeit: Vollzeitstellen werden in Teilzeitstellen umgewandelt.
   - Einführung von Kurzarbeit: Die Arbeitnehmer eines Unternehmens arbeiten über einen bestimmten Zeitraum hinweg weniger oder überhaupt nicht.
   - Altersteilzeit: Verkürzung der Arbeitszeit bei älteren Arbeitnehmern kurz vor dem Renteneintritt
2. Bei der externen Personalfreistellung werden bestehende Arbeitsverhältnisse beendet, um den verringerten Personalbedarf auszugleichen. Beispiele:
   - Ausnutzen natürlicher Fluktuation: Durch Pensionierung, Tod oder Kündigung frei werdende Stellen werden nicht mehr besetzt.
   - Frühpensionierung: Mitarbeiter gehen vor dem geplanten Zeitpunkt in Rente.
   - Aufhebungsverträge: Das Arbeitsverhältnis wird einvernehmlich zu einem bestimmten Zeitpunkt beendet.
   - Kündigung: Sie kann gesetzlich, vertraglich oder fristlos erfolgen und muss sich immer nach den Kündigungsschutzbestimmungen richten.
3. Bei einer gesetzlichen Kündigung müssen folgende Fristen eingehalten werden:

- In der Probezeit können Arbeitsverträge mit einer Frist von 14 Tagen gekündigt werden.
- Nach der Probezeit kann der Arbeitnehmer grundsätzlich mit einer Kündigungsfrist von vier Wochen zum 15. oder zum Monatsende kündigen.
- Der Arbeitgeber muss je nach Dauer der Betriebszugehörigkeit des Arbeitnehmers bestimmte Kündigungsfristen beachten.
- Für Beschäftigte unter 25 Jahren gilt die einfache Kündigungsfrist von vier Wochen zum 15. oder zum Monatsende.
- Für Beschäftigte ab dem 25. Lebensjahr hängt die Kündigungsfrist von der Beschäftigungsdauer im Betrieb ab. Dabei gelten die folgenden Fristen:

Betriebszugehörigkeit	Kündigungsfrist
unter 2 Jahren	4 Wochen zum 15. oder Monatsende
ab 2 Jahren	1 Monat zum Monatsende
ab 5 Jahren	2 Monate zum Monatsende
ab 8 Jahren	3 Monate zum Monatsende
ab 10 Jahren	4 Monate zum Monatsende
ab 12 Jahren	5 Monate zum Monatsende
ab 15 Jahren	6 Monate zum Monatsende
ab 20 Jahren	7 Monate zum Monatsende

4. Bei einer einzelvertraglichen Kündigung darf die zwischen Arbeitnehmer und Arbeitgeber vereinbarte Kündigungsfrist zwar länger, aber nicht kürzer als die gesetzliche Kündigungsfrist sein. Kündigt der Arbeitnehmer, darf nach § 622 Abs. 6 BGB hierfür keine längere Frist als für die Kündigung durch den Arbeitgeber vereinbart werden.

Es gibt gesetzlich festgelegte Ausnahmen, bei denen die Kündigungsfristen kürzer als die gesetzlich vorgeschriebenen sein dürfen (§ 622 Abs. 5 BGB Kündigungsfristen bei Arbeitsverhältnissen). Eine kürzere Kündigungsfrist kann dann vereinbart werden, wenn ein Arbeitnehmer zur vorübergehenden Aushilfe für bis zu drei Monate eingestellt ist; wenn der Arbeitgeber in der Regel nicht mehr als 20 Arbeitnehmer (Auszubildende nicht mitgerechnet) beschäftigt und die Kündigungsfrist vier Wochen nicht unterschreitet.

5. Arbeitnehmern darf nur gekündigt werden, wenn dafür personen-, verhaltens- oder betriebsbedingte Gründe vorliegen. Der allgemeine Kündigungsschutz ist im Kündigungsschutzgesetz (KSchG) geregelt.

6. Die Regeln des Kündigungsschutzes gelten nur für Betriebe mit mehr als fünf vollbeschäftigten Arbeitnehmern, die mehr als 30 Wochenstunden arbeiten. Wurden Mitarbeiter ab dem Jahr 2004 neu eingestellt, gilt der Kündigungsschutz erst dann, wenn mindestens 10 Arbeitnehmer (Auszubildende werden nicht, Teilzeitbeschäftigte zu einem geringeren Teil mitgerechnet) in einem Betrieb beschäftigt sind.

7. Soziale Gesichtspunkte sind: Lebensalter, Familienstand, Anzahl der Kinder und die Dauer der Betriebszugehörigkeit.

8. Der besondere Kündigungsschutz gilt für Personengruppen, bei denen eine Kündigung besondere Härten nach sich ziehen würde, z.B. Schwerbehinderte, Schwangere, Auszubildende in der Probezeit, Wehr- und Ersatzdienstleistende, Betriebsräte, Jugend- und Auszubildendenvertreter.

9. Wurde einem Arbeitnehmer gekündigt, so hat er während der Kündigungsfrist das Recht, für Vorstellungsgespräche freigestellt zu werden, verbleibenden Resturlaub in Anspruch zu nehmen und ein Arbeitszeugnis ausgestellt zu bekommen.

10. Kündigungsfristen
    a) Kündigung mit einer Frist von 14 Tagen
    b) Einfache Kündigungsfrist von 4 Wochen zum 15. oder zum Monatsende
    c) Kündigungsfrist von 2 Monaten zum Monatsende
    d) Kündigungsfrist von 1 Monat zum Monatsende

Zu Kapitel 10

1.
    a) falsch
    b) richtig
    c) richtig
    d) falsch
    e) richtig
    f) falsch

2.
a) 140 Mitarbeiter (alle über 18 Jahren) sind stimmberechtigt.
b) 126 Mitarbeiter dürfen sich zur Wahl stellen (alle über 18 Jahren, jedoch nicht die 14 Mitarbeiter mit weniger als 6 Monaten Betriebszugehörigkeit).
c) Der Betriebsrat bestünde aus 7 Betriebsratsmitgliedern.
d) Die Jugend- und Auszubildendenvertretung bestünde aus 3 Mitgliedern.
e) 60 Personen (14 unter 18 Jahren und 46 zwischen 18 und 25 Jahren) dürften für die Jugend- und Auszubildendenvertretung kandidieren.
f) Nein, die 14 Auszubildenden über 25 Jahre sind nicht mehr für die Jugend- und Auszubildendenvertretung stimmberechtigt.

3.
a) Da der Betriebsrat in dieser Angelegenheit der Geschäftsleitung gleichgestellt ist, kann Brüderbach die Öffnungszeiten der Kantine nicht auf eigene Faust ändern. Er muss die Zustimmung des Betriebsrats einholen. Kommt es zu einem Streitfall, muss eine Einigungsstelle zur Lösung des Problems eingeschaltet werden.
b) Brüderbach muss den Betriebsrat nur über die Angelegenheit unterrichten. Der Betriebsrat hat keinerlei Einflussmöglichkeiten, da es sich um eine wirtschaftliche Angelegenheit handelt.
c), d), e) und f) Brüderbach muss die Zustimmung des Betriebsrats einholen, da es sich um soziale Angelegenheiten handelt.
g) In diesem Fall handelt es sich um eine personelle Angelegenheit. Hier muss Brüderbach den Betriebsrat vorher anhören, erst dann ist eine Kündigung wirksam.

Zu Kapitel 11

1. Eine gute Personalverwaltung zeichnet sich durch eine möglichst geringe Fehlerzahl (z.B. bei der Lohnabrechnung) und eine im Verhältnis zur Gesamtorganisation geringe Kostenintensität aus.
2. Für die Inhalte einer Personalakte gibt es keine gesetzlichen Vorgaben, in der Regel beinhaltet sie drei Themenbereiche:
   - Persönliche Daten und Dokumente
   - Daten für Sozialversicherung und Steuern
   - Daten und Dokumente für das Personalmanagement (z.B. Weiterbildungszertifikate, Beurteilungen)

3.
  a) richtig
  b) falsch
  c) falsch
  d) falsch
  e) falsch
  f) richtig
  g) richtig
4. Das Personalcontrolling unterstützt das Personalmanagement und hat das Ziel, die Daten und Informationen bezüglich der Belegschaft aufzubereiten und damit Entscheidungen der Personal- oder Geschäftsleitung zu unterstützen. So liefert das Controlling z.B. über Kennziffern, die über mehrere Perioden ermittelt werden, Informationen zur Kostenstruktur und Kostenentwicklung.
5. Kennziffern setzen verschiedene Daten zueinander ins Verhältnis (z.B Personalkosten zu Gesamtkosten). Eine Kennziffer alleine hat nur eine geringe Aussagekraft. Interessant wird es, wenn die Entwicklung von Kennziffern über einen längeren Zeitraum beobachtet wird oder Kennziffern von Vergleichsunternehmen vorliegen.

Stichwortverzeichnis

Über Herausgeber und Autoren

FORUM Berufsbildung ist ein freier und gemeinnütziger Bildungsträger in Berlin, der sich insbesondere für eine teilnehmerorientierte und praxisnahe Weiterbildung einsetzt. Seit 1985 bietet das FORUM Berufsbildung Fortbildungen, Umschulungen, Fernlehrgänge, Ausbildungen, Seminare und berufsbegleitende Weiterbildung an. Ein großer Teil der Maßnahmen schließt mit externen (Kammer-)Prüfungen ab. Nicht nur die Nähe zur Praxis und die hohe Qualifikation der Dozenten zeichnen das Bildungsangebot aus, sondern auch der enge Kontakt zwischen Teilnehmern, Lehrkräften und Studienleitern.

Mit diesen umfassenden Erfahrungen mit beruflicher Qualifikation und Prüfungsvorbereitung und als unabhängiger und neutraler Bildungsträger fungiert das FORUM Berufsbildung als beratender Herausgeber für die Reihe „Grundwissen".

Dipl. Rom. Frauke Kaesler-Probst ist Fachbuchautorin für Betriebswirtschaftslehre mit den Schwerpunkten Personalwesen und Marketing, didaktische Koordinatorin für betriebswirtschaftliche Fernstudiengänge sowie akademische Leiterin der Fachakademie für betriebswirtschaftliche Weiterbildung (FBW).

Dipl. Hdl. Clemens Kaesler ist Autor von Fachbüchern und Aufsätzen zur Betriebswirtschaftslehre, Organisations- und Personalentwicklung. Er war in der Erwachsenenbildung von staatlich geprüften Betriebswirten tätig, Mitglied im IHK-Prüfungsausschuss für Bilanzbuchhalter und ist derzeit in der Evaluation berufsbildender Schulen sowie in Ausschüssen zur Gestaltung der beruflichen Bildung aktiv.